인문학자가 보여주는
새 이야기, 인간 이야기

인문학자가 보여주는
새 이야기, 인간 이야기

초판 1쇄 펴낸날 | 2020년 1월 15일
초판 2쇄 펴낸날 | 2020년 3월 10일

지은이 | 서정기
펴낸이 | 류수노
펴낸곳 | (사)한국방송통신대학교출판문화원
03088 서울시 종로구 이화장길 54
전화 1644-1232
팩스 02-741-4570
홈페이지 http://press.knou.ac.kr
출판등록 1982년 6월 7일 제1-491호

출판위원장 | 백삼균
편집 | 마윤희 · 이민
본문 디자인 | 티디디자인
표지 디자인 | 최원혁

ⓒ 서정기, 2020
ISBN 978-89-20-03604-0 03490

값 16,000원

이 도서의 국립중앙도서관 출판예정도서목록(CIP)은 서지정보유통지원시스템 홈페이지(http://seoji.nl.go.kr)와
국가자료종합목록 구축시스템(http://kolis-net.nl.go.kr)에서 이용하실 수 있습니다.(CIP제어번호: CIP2020000534)

인문학자가
보여주는

새 이야기,
인간 이야기

서정기 지음

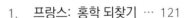

왜 인간은 새에 매료되는 것일까?

청아한 노랫소리 때문일까? 다채로운 색깔 때문일까? 아니면 무구한 표정 때문일까?

한 아이가 태어난다.

처음 그는 누워 있다.

옹알이를 하며 스스로 엎어진다.

기기 시작하고 무엇인가를 의지해 일어선다.

가족들의 박수를 받으며 첫걸음을 뗀다.

걷고 바쁘게 뛰어다닌다.

시간이 흘러 나이가 들고 늙어갈수록 자주 앉게 되고 눕는 횟수가 빈번해진다.

그리고 처음 갓난아이 때의 상태로 돌아가 눕는다.

인간이 성장한다는 것은 머리를 들어 하늘에 가까이 대는 과정이며, 죽는다는 것은 땅으로 낮게 가까이 가는 과정이다.

결국 살아간다는 것은 중력과의 투쟁이다. 무거운 몸과 무거운 마음으로부터 벗어나 가벼워지려는 투쟁인 것이다.

그렇다면 우리가 새에 매료되는 것은 새의 노랫소리나 다채로운 색깔이 아닌 바로 그 날개 때문이다. 날아오를 때 드러나는 그 가벼움, 중력을 이겨낸 가벼움에 매료된다.

새가 날개를 가진 것이 아니라 날개가 새를 가지고 있는 것이다. 날개 때문에 새가 비로소 존재하게 되는 것이다. 새는 날아오른다는 기능 때문에 지상의 동물성을 버리게 된다. 날아가는 새를 보며 우리도 엉적으로 날게 되는 것이다. 그래서 보들레르는 다음과 같이 말한다.

> 안개 자욱한 삶을 무겁게 짓누르는
> 권태와 막막한 슬픔을 뒤로하고,
> 고요히 빛나는 들판을 향해
> 힘찬 날개로 날아갈 수 있는 사람은 행복하다!
>
> 생각으로, 종달새처럼 이른 아침에,
> 하늘로 자유로이 날아오르는 사람은
> 생명들을 내려다보며, 쉽사리 알아차린다,
> 꽃들과 말없는 것들의 언어를!
>
> 『악의 꽃』 중 「상승」

새를 통해 비로소 우리는 하늘에서 살 수 있다.

이 책은 많은 사진을 수록하였지만, 도감은 아니다. 왜냐하면 과학적인 사실을 탐구하기 위해 쓰인 것이 아니라 탐조로 알게된 새에 관한 지식을 개인적으로 또 주관적으로 해석하고 확장한 것이기 때문이다.

다채로운 색깔을 호사스럽게 눈에 담거나 맑은 노랫소리에 귀를 씻기도 하며, 바다를 가로질러 수천 킬로미터를 날아와 기진해 죽어가는 새 때문에 마음 아파하기도 한다. 때로는 생존을 위한 새들의 지혜에 감탄하기도 하고 인간의 어리석음에 슬픔을 느끼기도 한다. 유년 시절의 소박했던 행복을 상기하기도 하고 때로는 고대의 신화세계로 돌아가기도 한다.

내게 있어서 새를 본다는 것은 결국 생명을 바라보면서 자신의 내면을 바라보고, 이해하고, 나아가 세계를 이해하는 일이다.

처음부터 책을 쓰고자 새를 본 것이 아니다.

나와 함께 지구에서 살아가는 주민인 새를 보고 나서 그 매력에 빠지면서 느끼고 알게 된 새들의 모습, 내 안의 모습 그리고 내 주위의 모습을 정리한 것이다. 따라서 사진들이 체계가 없고 경우에 따라서는 사진의 질이 만족스럽지 못한 경우도 있다. 특히 이리안자야에서 동틀 무렵 보았던 극락조의 사진은 민망하다.

그러나 마음속의 열락은 사진보다 훨씬 진하고 오래 울린다.

언젠가는 기록하는 욕심을 버리고 눈으로만 새를 즐길 수 있기를 기대한다.

제1부

1. 창조론? 진화론?

황금새, 흰눈썹황금새, 양진이, 갈색양진이, 콩새, 검은머리방울새, 홍방울새, 솔잣새

        탐조를 한 지 십여 년이 지났지만 아직도 새의 종명을 알아내는 동정同定은 어렵다. 입문하던 시절 오동정誤同定으로 부끄러움을 당한 적이 부지기수다. 윗부리와 아랫부리의 색깔, 눈테의 유무, 눈썹선의 모양, 꼬리나 덮깃의 모양, 다리의 색깔 등 얽히고설킨 복잡한 요소들을 세밀하게 하나하나 살펴야 정확한 동

황금새

정이 가능한데 하나의 요소에 집중하다 보면 다른 요소를 놓치기 일쑤다.

또 어떤 새를 보았을 때 이미 알고 있는 새라고 단정하고 무심히 지나치면 정말로 신종을 놓치고 후회하는 경우도 생긴다. 겸손한 마음으로 편견을 버리고 새를 대할 때 비로소 오동정의 실수를 피할 수 있고, 때로는 신종을 보는 기쁨을 누릴 수 있는 것이다.

40여 종이 넘으면서 철에 따라 깃 색깔이 바뀌는 도요과의 새들이나 20여 종이 넘으면서 나이에 따라 깃 색깔이 변하는 갈매기과의 새들은 동정하기 어려운 대표적인 새이다. 갈매기과의 경우 갈매기도감이 따로 있을 지경이다.

이렇게 어려운 동정을 하다가 진화론이 옳을까, 아니면 창조론이 옳을까 하는 엉뚱한 생각에 다다른다.

흰눈썹황금새

황금새와 흰눈썹황금새는 참새목 딱새과에 속하는 종이다. 수컷들은 그 모양이 상당히 비슷하다. 크기는 13센티미터 정도, 몸의 윗면은 대부분 검은색이고 멱과 배는 노란색, 날개에는 흰색의 무늬가 있다. 쉽게 구별되는 점은 황금새는 눈썹이 노란색이고, 흰눈썹황금새는 이름 그대로 눈썹이 흰색이라는 것이다. 눈썹의 색깔이 분명히 다르기 때문에 두 새를 혼동할 일은 거의 없다. 색깔이 아름답고 노랫소리가 청량하며 크기도 작아서 귀엽다는 느낌을 주어 탐조인들로부터 많은 사랑을 받는다.

이렇게 비슷하게 생긴 새가 왜 다른 종으로 존재할까?

양진이

다윈이 진화의 결정적 단서를 발견한 곳은 갈라파고스제도이다. 그는 4주 동안 머물면서 작은 새들을 표본으로 만들어 가져온다. 그 새들 중 10여 마리가 되새과에 속한다는 사실을 알고 그는 깜짝 놀란다. 왜냐하면 그 새들의 부리 모양이 모두 달랐기 때문이다. 어떤 종은 짧고 두터운 부리를 지니고 있었으며 또 어떤 종은 길고 뾰족한 부리를 지니고 있었다. 다윈이 내린 결론은 갈라파고스제도에는 원래 새가 없었는데 아메리카대륙으로부터 한 종류의 새가 날아 들어와 그곳의 환경에 맞추어 새로운 종으로 진화했다는 것이다. 즉, 씨앗을 까먹기 위해서 부리가 두터운 종, 곤충을 잡기 위해서 부리가 뾰족한 종으로 진화했다는 것이다. 그리고 그는 종의 번성과 소멸을 자연선택이라는 개념 속에서 연구하게 된다. 다윈의 진화론은 이렇게 시작된다.

다음은 우리나라에서 볼 수 있는 몇 종의 되새과의 새들이다. 부리 모양에 유의해 살펴보자.

검은머리방울새

그렇다면 황금새와 흰눈썹황금새의 경우는 어떨까?

우리가 알기로 이 두 종의 새는 모두 야산이나 공원 등의 관목림에서 서식하며 먹이 또한 곤충류, 거미류, 애벌레 등으로 같다. 그렇다면 눈썹이 노란색이든 하얀색이든 그들이 먹이를 잡아먹고 살아남는 데, 다윈을 따라 말하면 적자생존하는 데 어떤 영향을 미칠 것 같지 않다. 우리가 알지 못하는 어떤 요인이 있을까?

구약의 창세기에 의하면 창조주는 다섯째 날, 어느 생물보다도 앞서 물고기와 새를 창조했다고 한다. 어쩌면 그 창조주는 장난꾸러기가 아니었을까? 새를 하나하나 만들면서 어느 녀석의 눈썹은 하얗게, 다른 녀석의 눈썹은 노랗게 칠하며 새로운 종을 만들어낸 것은 아닐까?

다윈은 '생물은 다양성을 추구하며 그 다양성이 생명의 본질'이라고 말하면서 생물의 다양성을 찬양한다. 창조주도 눈썹 색깔을 이런 색으로 또는 저런 색으로 칠함으로써 세상을 다양하고 풍요롭게 만들었다면 진화론과 창조론의 논쟁은 부질없는 짓처럼 보인다, 내 눈에는.

물총새

탐조를 하고 새 사진을 찍다 보면 대개 사람들의 첫 질문은 언제부터 새 사진을 찍었느냐, 동기는 무엇이냐이다. 이런 질문에는 서슴없이 즉각적으로 답을 한다. 새들이 시간을 거슬러 나를 어린 시절로 되돌려보냈다고. 그래서 내가 오랫동안 잊고 있어서 잃어버렸던 시간과 세계를 되찾을 수 있었다고.

한참 낚시에 빠져 주말마다 충남 아산의 한 저수지에 가던 때.
거기서 이십 리쯤 떨어진 고향 마을에도 꽤 큰 저수지가 있었지만 뙤약볕 아래 논밭에서 일하는 동네 사람들을 옆에 두고 낚시하기가 민망해서 일부러 다른 곳을 찾았었다.
그날도 마음 급하게 낚시터에 도착해 수상좌대에서 낚싯대를 드리우고 있는데 짙은 파란색 새가 삑 하는 날카로운 소리를 내며 수면을 따라 낮게 날아가는 것이 보였다. 낚시를 하고 있는데 제방의 말뚝에 조금 전의 그 새가 앉는다.
물총새였다. 작은 송사리를 잡아 이리저리 패대기치는데 깃 색깔이 탁한 물총새 한 마리가 날아와 나뭇가지에 앉는다. 새끼는 입을 벌리면서 먹이를 달라고 재촉한다. 물총새를 보는 순간 나는 수십 년 전의 어린 시절로 거슬러 날아갔다.

6·25 이후 우리의 어린 시절은 참으로 궁핍했다.
봄날 어른들이 들판에 일하러 나가면 딱히 놀거리가 없었던 우리들은 보리밭에

올가미를 쳐서 종달새를 잡아와 기르거나 늙은 참나무 둥지에서 부엉이 새끼를 꺼내다가 오징어를 먹여 기르기도 했다.

여름날 학교에서 돌아오는 길에 꿩의 알을 풀밭에서 찾아내 삶아 먹기도 했으며, 겨울날 어린 우리들은 초가집 지붕에 깃들어 잠자는 참새를 꺼내 구워 먹고 어른들은 낟가리 주위에 그물을 치고 참새를 잡았다(지금도 캄보디아 시엠립에서 톤레삽으로 가는 길목의 식당에서는 백로를 구워 판다. 어찌 그들을 욕할 수 있으랴!).

그 곤궁함의 대척점에 있는 것이 바로 논가의 낮은 벼랑에 굴을 파고 하얀 알 낳고 새끼 키우는 물총새였다. 흰 무명 바지저고리를 입고 학교 다니던 그 시절, 동네 어느 어머니도 화장하지 않았던 시절, 물총새의 금속 광택이 나는 청록색 머리와 짙은 옥색 날개깃, 짙은 주황색 가슴깃은 그 시절의 유일한 호사였던 것이다.

지금 이 자리에서 돌이켜 보면 어린 시절의 궁핍함조차 호화롭게 채색되어 있는 듯하다. 철없다고 할지 모르지만 어쩌면 철없음이야말로 우리를 무상의 세계로 인도하는 것이 아닌가! 유년의 기억으로써 나는 잊었던 생명들을 되살리고 또 사랑하게 된 것이다.

그래서 바슐라르의 지적은 정말 옳다.

"세계에 대한 애착을 이해하기 위해서는 각 원형에 유년기, 우리의 유년기를 덧붙여야 한다. 어린 시절까지 거슬러 올라가는 우정이나 사랑을 부여하지 않고는 우리는 물을, 불을, 그리고 나

물총새 수컷

무를 사랑할 수 없다. 우리는 유년기로써 그것들을 사랑하는 것이다. 세계의 이 모든 아름다운 것들을 우리가 지금 시인들의 노래 속에서 사랑한다면, 우리는 되찾은 유년기 안에서 그것들을 사랑하는 것이다. 잠재해 있는 유년기부터 다시 생명을 얻는 유년기 안에서. 이와 같이 우리가 유년기의 우주들을 되찾기 위해서는 어떤 시인의 한 마디, 새로운 이미지, 그러나 원형적으로 진정한 이미지로 충분하다. 우주적인 노래 없이는 시도 없다. 시인이란 우리 내부에서 유년기의 우주성cosmocité을 일깨우는 자이다."(바슐라르, 『몽상의 시학』)

어린 시절은 늘 우리 안에 잠재적으로 존재하며, 그것은 우리의 영혼 속에서 혁명을 일으킨다. 그 혁명은 우리에게서 멀리 있다고 느껴지던 것들을 사랑하게 하는 혁명이다.

그래서 나는 도시로 유학 온 이래 깜깜하게 잊고 있었던 유년의 새들을 되찾으러 다닌다.

3. 유년의 새 2

뜸부기

뜸북뜸북 뜸북새 논에서 울고
뻐꾹뻐꾹 뻐꾹새 숲에서 울 제
우리 오빠 말 타고 서울 가시며
비단구두 사가지고 오신다더니

기럭기럭 기러기 북에서 오고
귀뚤귀뚤 귀뚜라미 슬피 울건만
서울 가신 오빠는 소식도 없고
나뭇잎만 우수수 떨어집니다.

초등학교 시절에 자주 불렀고, 요즈음도 들판을 지나노라면 무의식적으로 흥얼거리게 되는 노래다. 어린 시절 이 노래를 부르면서 뜸부기는 뜸뜸 소리를 내는데 왜 뜸북뜸북 운다고 할까, 또는 뜸북뜸북 우는 뜸부기도 있을까 하는 의문을 가진 적이 있지만, 이 노래가 일제시대 때의 사연 있는 노래라는 것은 전혀 알지 못했다. 어린 마음에 이 노래에서는 그저 오누이 간의 애틋한 그리움만 느껴졌다.

후에 알고 보니 최순애 선생이 12살 때 쓴 동시에 박태준 선생이 곡을 붙였고 1925년 방정환 선생이 펴낸 잡지 『어린이』에 실렸단다. 이 노래를 부르노라면 그냥 코끝이 찡했던 것은 노래 가사에 세 번씩이나 운다는 말이 들어 있어서일까?

멀리서 본 뜸부기

번식기 뜸부기 수컷

새를 보기 시작하면서, 그러니까 아는 새가 별로 없던 때 빨리 보고 싶었던 새 중 하나가 바로 뜸부기였다. 뜸부기는 내게 물총새와 함께 가장 이른 유년의 새였고, 그것은 아버지의 기억과 이어진다.

우리 집 대문을 나서면 곧바로 너른 들판이 펼쳐져 있었는데, 초여름 갓 낸 모가 무릎까지 자라 올라오면 이른 아침, 늦은 저녁, 뜸뜸 하는 굉장히 낮은 뜸부기 소리가 들리곤 했다.

어느 날 아버지가 김을 매고 돌아오시면서 달걀보다 훨씬 작은, 갈색 반점이 있는 알 네 개를 어머니에게 건넨다.

삶아서 쟤 주어요.

이게 뭐예요?

이게 뜸부기 알이란다.

생전 처음 보는 새알이었다.

코에 가까이 대보니 조금은 비릿하기도 하고 연한 향기 같은 것도 느껴진다.

이 조그만 알에서 그렇게 큰 뜸부기가 나온다니.

신기해서 이리저리 만지작거리는데 알 하나가 깨진다.

아버지가 불같이 화를 내신다.

너한테 약이 된다고 해서 사정해서 겨우 얻어온 거다.

아버지는 남에게 아쉬운 소리를 절대로 하지 않는 분이셨다. 그래서 뭔가 남에게 부탁하는 일은 늘 어머니의 몫이었다. 어려서부터 유난히 몸이 약해서 부모님 속 깨나 썩이던 나를 위해 자존심 다 버리고 겨우 얻어온 것을 깨뜨려버렸으니.

기억하기로는 예전에 상당히 흔했던 뜸부기를 막상 찾아보려고 하니까 의외로 보기가 힘들었다. 두산백과에 의하면 '한국에서는 전국에 걸쳐 찾아오는 흔한 여름

새'이고 문화재청의 설명에 따르면 '전형적인 한국 농촌의 대표적인 새이며, 정서적으로 우리에게 친근한 새'라고 되어 있는데, 1970년대 들어 농약 사용이 흔해지면서 급격히 개체수가 줄어든 모양이었다(2005년에 천연기념물 제446호로 지정되었고, 2012년에 멸종위기야생동식물 2급으로 지정되어 보호받고 있다).

이리저리 수소문한 끝에 파주 곡릉천 근처에서 볼 수 있다는 사실을 알고 몇 차례 가보았지만 단 한 번 먼 발치에서 잠깐 보고 말았다. 저게 뜸부기가 맞는 걸까 하는 생각이 들 정도로 멀리 날아가는 모습이었다.

그리고 두 해 뒤인 2008년 5월 말 모내기를 막 끝낸 곡릉천에서 드디어 가까이에서 기적처럼, 붉은색 이마판을 달고 있는 수컷을 만났다.

동남아시아에서 겨울을 난 뜸부기는 5월 말 6월 초에 우리나라에 와서 새끼를 치고 10월쯤 되돌아간다.

마치 어린 시절 자주 만났던 것처럼 아무런 낯가림도 없이 바로 코앞에서 깃다듬기를 하고 있었다. 깃 다듬는 새를 보았을 때의 즐거움과 행복감이라니!

수십 년만에 뜸부기를 다시 보면서 나는 오빠 대신 아버지를 그리워했다.

우리를 어쩔 수 없이 부끄러운 죄인으로 만드는 우리들의 돌아가신 아버지를.

4년 후 캄보디아에서 처음으로 암컷과 비번식기 수컷을 보았다.

수컷은 번식기에만 붉은색 이마판이 나오고 다리도 빨개진다. 그래서 번식이 끝나면 암컷과 오동정할 정도로 비슷한 모습으로 바뀐다.

비번식기 뜸부기 수컷(캄보디아)

뜸부기 암컷(캄보디아)

4. 외연도 유감

검은딱새, 큰유리새, 유리딱새, 진홍가슴, 흰눈썹울새, 노랑배진박새, 흰날개해오라기,
검은가슴물떼새, 먹황새

          탐조하는 사람들에게 보령시의 외연도는 일종의 입문 장소이며 동시에 성지이다. 예당지를 낚시 훈련소라 부르는 것처럼. 외연도는 보령시에서 서쪽으로 50여 킬로미터 떨어진 작은 섬으로 보령 8경 중 하나. 인구는 500여 명으로 주민들은 주로 어업에 종사하며 뱃일하는 외국인 노동자들도 가끔 보인다. 20~30여 명의 학생들이 다니는 외연초등학교도 있다.

    외연도가 훌륭한 탐조지인 것은 이 섬이 홍도와 흑산도, 어청도와 더불어 여름 철새의 첫 도래지이기 때문이다. 동남아에서 올라오는 철새들은 수천 킬로미터를 날아와 이 섬에서 며칠 머물며 원기를 회복한 후 다시 한반도나 만주, 러시아 등지로 이동한다.

    2008년 4월 처음 외연도로 탐조하러 가기 며칠 전 선배 탐조인으로부터 탐조요령을 배웠다. 그 요점은 다음과 같았다.

먼저 쌍안경으로 멀리서 살펴보고 새에 천천히 접근하기.

위장천을 사용하여 새들이 놀라지 않게 하기.

새들은 미세한 차이로 종이 달라지므로 일단 사진을 찍고 나중에 동정하기.

원주민들에게 무조건 인사하기.

밭에 함부로 들어가 작물 망치는 일 없기.

그리고 마지막으로 덧붙인 말.

아마 1박 2일이면 70~80종은 볼 수 있을 겁니다. 길바닥에서 새가 벌벌 기어 다니거나 하늘에서 뚝뚝 떨어집니다.

설마 70~80종이라니, 새가 하늘에서 뚝뚝 떨어진다니, 과장이 심하다고 생각했다.

난바다에서 너울 때문에 속이 뒤집히는 것을 겨우겨우 참고 두 시간 남짓 항해 끝에 도착한 외연도는 정말로 신세계였다.

새들은 여기저기 길 위에서 톡톡 튀어 다니며 먹이를 찾고 있었고, 고개를 들어 보면 다른 새들이 끊임없이 번갈아 나타나곤 했다.

마을 한가운데 있는 작은 습지에선 검은딱새들이 노란 장다리꽃 위에서 벌레를 잡고 있었고, 도랑 근처에선 쇠유리새가. 낮은 지붕의 집들이 다닥다닥 붙어 있는 골목길 바닥에서는 유리딱새가 기어다니며 꽃다지에서 벌레를 잡고 있었다. 나이가 백 살은 더 되어 보이는 거대한 팽나무 가지에는 여러 종의 솔새들이 있어서 서 있는 각도에 따라 우리는 각기 다른 새 이름을 부르기도 했다. 발전소 앞 습지에서는 흰눈썹울새가 사람들을 완전 무시하는 듯 먹이를 먹느라 코앞에까지 다가오곤 했다.

언덕으로 올라가는 길 나뭇가지에는 진홍가슴이 붉은 가슴을 뽐내고 있었고, 산중턱의 샘가에 앉아 있을 때는 선배 말대로 새가 하늘에서 뚝 떨어졌다. 노랑배진박새였다.

막 피어나는 파스텔톤의 새 잎 덕분에 사진은 멋진 그림이 되었다.

1박 2일 동안 70여 종은 본 듯하다. 그것도 모두 처음 보는 새들로.

얼마나 그 선배에게 고마워했는지!

검은딱새

큰유리새

32

유리딱새

진홍가슴

노랑배진박새

한편으로는 수천 킬로미터 먼 길을 날아와 지쳐 죽어가는 새들을 보며 눈시울을 적시곤 했다.

그해엔 주말마다 외연도행 배를 탔다.

기진한 흰날개해오라기

검은가슴물떼새

그런데 외연도가 변했다.

그해 코미디언들이 1박 2일 동안 출연하는 TV 프로그램 하나가 방영된 후 이 섬을 찾는 관광객들이 갑자기 늘어났다. 그동안 이 섬을 찾는 이들이래야 새 보러 오는 사람들과 낚어 치러 오는 이들이 전부였지 일반 관광객들은 없었던 것이다.

행정당국은 관광객들을 유치하기 위해 환경개선사업을 한다고 습지 가운데 있던 자연적인 도랑을 시멘트 하수로로 만들어 복개해버렸고, 언덕이나 산으로 올라가는 길은 시멘트로 포장하거나 나무 계단을 놓았다. 수령이 만만치 않은 팽나무 여러 그루가 서 있던 풀밭은 붉은 타일로 포장을 했고 산자락에 있는 대나무숲 앞 풀밭은 제주도도 아닌데 유채꽃으로 뒤덮어버렸다.

새들이 먹이활동을 할 수 있는 공간이 무참하게 사라져버린 것이다.

외연도는 유적지 같은 문명을 즐기러 오는 곳이 아니라 자연을 즐기러 오는 곳이다. 섬의 아름다운 풍광을 통해 개인의 여유로운 자유를 즐기러 오는 곳이다. 그런 사람들이 시멘트로 딱딱하게 포장된 길을 걷는 걸 좋아할까? 계단을 걸어 산을 올라가는 것이 즐거울까? 도시에서의 일상과 무엇이 다를까?

해가 갈수록 외연도에 들르는 새들의 종수가 줄어들고 개체수도 민망할 정도로 줄었다. 새를 보러 가는 이들도 줄고 있다.

목숨을 걸고 수천 킬로미터를 날아온, 지친 새들은 어디서 쉬고 어디서 기운을 차릴 수 있을까?

관광객은 늘고 있을까?

외연도는 철새들이 원기를 회복하러 오는 곳이다.

그것도 4월과 5월 두 달 동안 100여 종의 새들이 들르는 곳이다.

　탐조지로 외국에도 널리 알려져서, 이 시기에 외연도에 가면 일본 사람들은 쉽게, 또 영국이나 프랑스에서 오는 사람들도 어렵지 않게 만날 수 있다.

　행정당국에 조금이라도 생각하는 사람이 있었다면 그저 그런 관광지, 수없이 많은 그런 관광지 중 하나로 만들려고 할 게 아니라 철새보호지역으로 지정해서 그에 알맞은 시설을 해야 했다.

　내성천을 찾아오던 먹황새는 지금은 어디로 갈까?

5. 모든 새는 귀하다

검은바람까마귀, 초록벌잡이새, 흰배뜸부기, 붉은머리오목눈이

그 새를 처음 본 것은 2009년 외연도 발전소 뒤 언덕바지였다. 까마귀 비슷했지만 까마귀는 아니고 금속성 광택이 있는 검은 몸체는 묘한 매력을 주었다. 도감으로 확인해보니 검은바람까마귀black drongo였다.

저녁에 다른 사람들에게 확인하니 일이 년에 한 번 보이는 귀한 나그네새란다. 귀해서가 아니라 그 묘한 매력 때문에 다음 날 이 새를 찾아 나섰지만 너무 까칠해서 사진 한 장 제대로 건질 수 없었다. 찍었다 하더라도 금속성 광택 때문에 새는 허옇게 나올 뿐이었다. 눈으로 보았지만 사진으로 남기지 못한 아쉬움은 곧 그리움으로 변하곤 한다.

삼 년 후 캄보디아 친구들을 따라 프놈펜 근처 프놈타마우에 있는 동물원에 가게 되었다. 놀러간다기에 큰 기대 없이, 그래도 600밀리를 챙겨서 따라나섰는데 비포장길로 접어들어 얼마쯤 갔을 때 친구가 '쌀'이라고 소리쳐서 살펴보니 꿈속에서나 볼 듯한 새가 있었다. 초록벌잡이새green bee-eater였다. 녹색과 오렌지색의 화려한 조화는 나를 단번에 환상의 세계로 이끌었다.

동물원 입구를 지나가는데 누군가 보고 있다는 느낌이 들어 머리 위를 바라보니 흰 머리, 밤색 날개의 새였다. 흰머리소리개brahminy kite이다. 나중에 확인해보니 세계를 유지하는 신 비슈누가 타고 다닌다는 가루다가 환생한 새라고 한다.

그리고는 동물원 근처 호숫가에서 한국에서 그토록 애타게 따라다녔던 검은바

검은바람까마귀

람까마귀를 다시 만났다. 까칠한 것은 여전해서 거리를 주지 않아 가시덤불을 헤치며 따라다녔지만 사진을 제대로 찍을 수는 없었다(가시덤불 속을 돌아다닌 덕에 진드기에 물려 귀국한 다음 한 달가량 피부과를 다니며 무척 고생했다).

다음날 시엠립으로 내려와 톤레삽으로 가는 길 양쪽의 논에 세상에! 스무 마리가 넘는 검은바람까마귀들이 검은호랑나비처럼 나풀나풀 날아다니며 벌레를 잡고 있었다. 벌레를 잡다 코앞의 나뭇가지에 앉아서 먹기까지 했다. 외연도에서나 프놈펜에서 이 새를 따라다닌 것이 너무 억울할 지경이있다.

검은바람까마귀와 꼭 같은 경우의 새가 흰배뜸부기이다. 묘하게도 이 새는 얌전한 새색시 같은 느낌의 매력으로 나를 사로잡았다. 외연도에서 두 번이나 보았지만 까칠하기가 이루 말할 수 없다. 그중 한 번은 새벽에 나가 컨테이너 뒤에 숨

어서 기다리는데, 어디선가 톡 튀어나와 시멘트로 포장된 길 위를 빠른 걸음으로 걸어가는 게 보였다. 새의 뒷모습 사진을 찍는 것만큼 안타까운 일은 없다. 앞모습을 찍기 위해 나는 새를 앞질러 가려 서둘러 풀밭 위를 걸었다. 새는 시멘트 포장길을 걷고 사람은 풀밭 위를 걷는다고 생각하니 피식 웃음이 나왔다. 결국 앞모습을 찍는 것은 실패했고 그 아쉬움은 두고두고 가슴속에 남아 있었다.

 몇 년 후 말레이시아 보르네오의 세필록, 열대우림 속의 리조트에 묵었는데 다

흰배뜸부기(외연도)

음 날 아침 정원에서 흰배뜸부기 한 마리가 이리저리 돌아다니는 게 보였다. 부랴
부랴 카메라를 챙겨 나가보니 보이질 않아 여기저기 찾으러 다니는데 관리인이 말
한다. 해질 무렵이면 많이 나와요. 많이라니! 반신반의하며 저녁에 도랑 옆에 쪼그
리고 앉아 있는데 어디에선가 '정말로' '많이' 여러 마리의 흰배뜸부기가 나타났다.
여러 마리가 닭처럼 낯가림도 없이 먹이활동을 하면서 돌아다녔다.

그때의 당황스러운 행복감이라니!

흰배뜸부기(보르네오)

붉은머리오목눈이

농담 반 진담 반으로 일본 사람이 한국에 새를 보러 왔을 때 붉은머리오목눈이 하나만 보여주면 90점은 맞는다고 한다. 붉은머리오목눈이는 '뱁새가 황새 따라가려면 가랑이 찢어진다'고 말할 때의 바로 그 뱁새다. 뱁새는 크기가 13센티미터, 황새는 112센티미터다. 우리나라 내륙지방에서는 흔하지만 아주 귀여운 새다. 떼로 몰려다니며 뭔가 이야기를 주고받는 것처럼 시끄럽게 떠들면서 관목 사이를 날아다닌다.

그런데 가까운 일본에는 서식하지 않고 나타나지도 않는다고 한다. 하기는 제주도에서도 볼 수가 없다. 십여 년 전 대마도에 붉은머리오목눈이가 길잃은새로 나타났을 때 수십 명의 일본인이 대마도로 달려갔다고 한다.

우리 집 안을 둘러보라!

손주 하나 보살피듯 집 안에서 소중하고 정성스럽게 기르는 화초 하나가 어느 열대지방에서는 한갓 잡초에 지나지 않아 뽑혀 태워질지도 모르는 일이다.

오늘 이곳에서의 잡초 하나가 어느 곳에선가는 귀하게 대접받을 것이다.

어디에서는 흔한 것이 다른 어느 곳에서는 귀한 대접을 받는다.

그러하니 우리 모두도

언제

어디서나

귀한 존재로 대접하고 존중받길.

우리 곁에 있는 사람부터 사랑할 수 있기를.

6. 화장과 단장

작은녹색잎새새, 블랙앤옐로우브로드빌, 에르포르니스, 자주목덜미태양새, 작은거미잡이새, 참새, 어치, 물꿩, 좀도요, 아비

여인의 화장은 자연을 초월하려는 욕망이라고 보들레르는 말한다. 얼굴에 파운데이션을 바른다는 것은 시간이 흐름에 따라, 나이를 먹어감에 따라 자연적으로 발생하는 주름과 반점을 사라지게 하고 피부결과 피부색 속에 하나의 추상적인 통일성을 창조하는 것이기 때문이다. 검게 칠한 눈 가장자리 덕분에 눈은 무한을 향해 열린 창처럼 보이고 시선은 보다 그윽해지며, 광대뼈 주위를 물들이는 붉은색 덕분에 눈동자는 더욱 맑게 보일 것이다.

머리의 색깔이나 모양을 바꾸고 거기에 어울리는 옷을 입거나 윗옷과 셔츠, 넥타이 색깔을 조화롭게 맞추어 입는 등 화장을 포함한 단장을 하는 것도 결국 자연적인 나를 벗어나려는 문명적인 초월이다. 불완전한, 죽어갈 인간에게 있어서 초월성이란 영원한 꿈이다.

새의 경우는 어떨까?
새들도 몸단장을 한다.

조류학자들에 의하면 새들은 깃 단장을 하는 데 깨어 있는 시간의 10%를 할애

---

* 한국에서 공인된 명칭이 없는 외국 새의 경우, 필자가 가능한 그 새의 특징을 살려 번역 명명한 것임을 밝혀 둔다.

한다고 한다. 깃 단장은 두 종류로 나눌 수 있는데, 하나는 목욕이고 다른 하나는 깃 고르기다. 새가 몸단장을 하는 주된 이유는 오물이나 기생충 제거, 효율적인 비행, 그리고 단열이나 보온 등 체온조절 때문이다.

대부분의 새들은 물로 목욕을 한다.

다음 사진들은 보르네오에서 찍은 것이다. 30미터 높이의 나무에 가지가 부러져 나간 구멍이 있는데, 비가 온 다음 날 물이 고이면 오후 한 시쯤 새들이 목욕을 하러 온다. 새들에 따라 머리부터 온몸을 적시거나, 날개 또는 꼬리만 적신다.

작은녹색잎새새

블랙앤옐로우브로드빌

에르포르니스

자주목덜미태양새

작은거미잡이새

가끔 참새가 마른 땅, 특히 모래 위에서 뒹구는 것을 볼 수 있는데 그것도 일종의 목욕으로 모래목욕이라고 한다.

새들이 목욕하는 방법 중 우리가 잘 알지 못하는 것, 그래서 우리가 충격을 받는 것이 있는데 바로 개미목욕이다. 마치 공포영화에서 등장인물이 곤충으로 뒤덮여 물리는 장면과 흡사하다. 조류학자들에 의하면 250여 종에 달하는 참새목의 새들이 개미목욕을 즐긴다고 한다.

소극적인 방법으로는 새 한 마리가 개미집 위에 앉아 개미들이 몸에 올라오도록 내버려두었다가 기대한 효과가 나타나면 개미들을 털어버리는 것이 있다. 산까치라고도 불리는 어치가 대표적인 경우다(www.youtube.com/formicage 참조).

모래목욕 중인 참새

물꿩 깃 다듬기

　　보다 적극적으로 개미목욕을 하는 새가 프랑스의 라자르까마귀다. 이 까마귀는 부리로 개미를 물어다가 몸의 원하는 곳, 깃털이나 피부에 놓아두었다가 털어버린다(www.youtube.com/le bain de fourmi du corbeau Lazare 참조).

　　이러한 행동을 하는 이유는 개미가 발산하는 개미산(포름산)을 깃털이나 피부에 묻힘으로써 거기에 붙어 있는 기생충들을 쫓아버리려는 것이다(포름산이라는 이름도 라틴어의 개미라는 단어 포르미카formica에서 나왔다). 실제로 우리나라 과수원에서도 응애를 제거하기 위해 포름산을 사용한다.

몸단장을 하는 다른 방법은 깃 다듬기다. 오물을 제거하거나, 깃에 기름칠을 하거나, 흐트러진 깃을 정리하는 일이다.

새 사진을 찍는 사람마다 각자 선호하는 새의 행동이 있다. 즉, 날아가는 모습이나 짝짓기, 새끼에게 먹이를 주는 모습, 멱감는 모습, 깃 다듬기 등등.

나는 깃 다듬는 모습을 가장 좋아하는데, 내 앞에서 깃을 다듬는다는 것은 새가 나를 경계하지 않는다는 것을 의미하기 때문이다. 새와 나 사이에 평화로운 관계가 성립되는 것이다. 그건 여인의 단장하는 모습을 보는 것과 같다.

좀도요가 단장하는 모습은 요염하기까지 하다.

생존과 관련해 몸단장의 비극적인 경우가 있는데, 바로 항구에서 흔히 볼 수 있는 사례다.

좀도요

　　겨울철 동해안으로 탐조를 가면 내항에서 물새들이 기름을 털어내려 애쓰는 경우를 심심치 않게 볼 수 있다. 배에서 흘러나온 기름에 오염된 것인데, 기름을 닦아내지 못하면 새는 저체온으로 죽고 만다.

　　인간의 무심함이 또 하나의 생명을 스러지게 한다.

아비

7. 오늘 예쁜 새를 보았다

알락할미새, 백할미새, 검은등할미새, 노랑머리할미새, 노랑할미새, 흰눈썹긴발톱할미새, 물레새

새를 보기 시작해서 250종 정도 보면 언제 300종을 볼 수 있을지 몹시 기다리게 된다. 한 종 한 종 추가하는 일이 기쁘고 친구들에게 자랑하기도 한다. 종을 추가하기 위해 필요한 일이 쌀에서 뉘 고르듯 세밀하게 새를 관찰하는 일이다. 비슷비슷한 종의 경우 소홀히 지나쳤다가는 종을 추가할 기회를 잃어버리기 때문이다.

신진도에서 할미새 몇 종을 보고 동정하느라 골머리를 앓았던 날이다.

우리나라에서 볼 수 있는 할미새과 새는 7종인데 흑백의 색깔만 가진 알락할미새, 백할미새, 검은등할미새가 있고, 알락할미새는 검은턱할미새와 시베리아알락할미새 등 2종의 아종이 있다.

그리고 노란색을 가진

알락할미새

노랑머리할미새

노랑할미새

흰눈썹긴발톱할미새

물레새

긴발톱할미새, 노랑머리할미새, 노랑할미새가 있는데, 긴발톱할미새는 흰눈썹긴발톱할미새, 북방긴발톱할미새, 흰눈썹북방긴발톱할미새 등 3종의 아종이 있어서 동정하는 데 어려움을 더한다. 반면 물레새는 색깔도 다르고 꼬리를 좌우로 씰룩씰룩 흔들며 다니기 때문에 동정이 매우 용이하다.

그날 저녁 여관. 혼자서 딱히 할 일도 없어 TV를 보았다.

문명을 등지고 오지에 사는 사람들을 인터뷰하는 프로그램이다. 촬영팀은 차가 더 이상 들어갈 수 없는 곳에 이르자 차에서 내려 그 무거운 촬영장비를 메고 두 시간가량 숨가빠하며 걸어 올라간다. 노부부 단 둘이 사는 곳을 찾아가는 길이었다.

이런저런 이야기 후에 피디가 물었다.

"저 산 이름이 무엇인가요?"

"응, 앞산."

"산 이름이 앞산이에요?"

"응, 앞산이라니까. 저 산은 뒷산이고."

답답한 피디가 다시 묻는다.

"앞산 말고 다른 이름이 뭐예요?"

"그냥 앞산이지 뭐."

앞산이란 보통명사는 일종의 익명이다.

60

산 이름이 없으니 미분화의 세계에 속하는 산이다.

앞산이라는 보통명사와 문명은 어떤 관계가 있을까?

품사 중에서 가장 빈번하게 쓰이는 것은 명사, 수사, 동사, 형용사라고 한다. 형용사는 사람이나 사물의 성질이나 상태를 표현하는 품사이므로 문명의 발달과 비례해서 그 수가 늘어나지는 않을 것이다. 왜냐하면 문명이 발달한다고 해서 사람이나 사물의 본성이 많이 변하는 것은 아니기 때문이다.

동사는 사람이나 사물의 움직임이나 작용을 나타내는 말이므로, 새로운 사물이 생긴다면 그와 관련된 동사도 조금 더 늘어날 수 있을 것이다. 이를테면 촬영하다라는 동사는 사진이 발달한 후에 쓰이기 시작했을 것이다.

이 두 품사에 비해 명사는 문명의 발달과 함께 그 수가 많이 증가한다. 왜냐하면 카메라나 컴퓨터처럼 새로운 물건이 만들어지면 보통명사의 수도 증가하게 되기 때문이다.

고유명사는 더욱 늘어날 것이다.

고유명사는 그 안에 역사를 품고 있다.

명사의 수가 많아진다는 것은 결국 인간의 문명이 발달하고 있다는 말과 다름아니다.

그런데 문명의 발달이 꼭 인간의 행복에 이바지하는 것일까? 서구사회에는 계몽주의 이래로 하나의 미신이 생겨났다. 즉, 인간의 이성이 발달하고 그에 기반하여 발달한 과학이 인간의 행복에 이바지한다는 믿음이다. 그러나 이 믿음은 제1차 세계대전을 계기로 산산이 부서져버렸다. 인류는 발달한 과학을 이용해 대량 살상

무기를 만들어냈던 것이다. 이성과 과학을 반대하는 문예사조, 초현실주의는 그래서 태어났다.

한편 신플라톤주의자들, 특히 플로티노스에 의하면 '하나'가 모든 존재사물의 원천이다. '하나'는 하위의 존재사물을 낳고 그 아래서 또 다른 존재사물을 낳는다. '지구상에 존재해온 모든 유기적 존재들은 생명이 처음으로 숨 쉬었던 하나의 원초적 형태로부터 유래했다'는 다윈의 말과도 같다. 그런데 플로티노스에게 있어서 철학이란 영혼을 가진 존재사물인 인간이 타他와 다多의 세계를 떠나 인간의 원천인 '하나'로 돌아가려는 과정이다. 불교식으로 말한다면 하나란 불佛일 것이고 다多란 중생衆生이며, 그들의 철학은 도道에 이르는 과정일 것이다. 그러니 분류학의 반대 방향이 도에 이르는 방향이라고 할 수 있겠다.

앞에서 말한 품사와 관련지어 말한다면 도에 이르는 과정이란 결국 명사의 수를 줄이는 일, 언어에 의한 분별을 포기하는 일이라고 할 수도 있다.

세상에서 물러나, 문명에서 벗어나 자족하며 살아가는 이들에게 앞에 보이는 산의 이름이 무엇이든 간에 무슨 의미가 있으랴! 그냥 앞산이지!

그러니 한 번쯤은 "나 오늘 예쁜 새를 보고 왔다"고 단순하게 말하고 싶은 것이 동정의 어려움에 대한 변명만은 아닐 거다.

지구상에 존재하는 새의 종은 1만 여 종이라고 한다. 그리고 가끔 새로운 종이 발견되거나 아종을 새로운 종으로 분류함으로써 종의 수는 더욱더 늘어나고 있다. 1960년부터 2016년까지 새로운 종으로 편입된 것이 288종에 이른다고 한다 (David Brewer, *Birds New to Science: Fifty Years of Avian Discoveries*).

다윈이 좋아할까?

8. 첫사랑

방울새

첫사랑!이라고 말하면 우리가 잊을 수 없는 글이 있다. 바로 황순원의 단편소설「소나기」다.

소녀는 물속에서 건져낸 하얀 조약돌을 건너편에 앉아 구경하던 소년을 향하여 "이 바보" 하며 던진다. 소녀는 갈밭 사잇길로 갈꽃을 꺾어 쥐고 사라져간다.

소년은 물기가 걷힌 조약돌을 집어 주머니에 넣는다. 소녀의 모습이 보이지 않게 되면 가슴 한구석에 허전함을 느끼는 소년은 주머니 속의 조약돌을 주무른다.

어느 친구 이야기.

그는 시골의 중학교, 남녀 학생 모두 합해서 겨우 세 반인 학교에 다녔단다. 고등학교 입학시험이 있던 시절이어서 시험을 앞두고 고교에 진학할 학생들이 한 반에 모여 특별수업을 받았는데, 두어 주일이 지나자 학교에 가면 자꾸 눈에 띄고 마주치면 가슴이 두근거리고 집에 돌아오면 어둠 속에서도 얼굴이 보이는 여학생 하나가 생겼단다.

마음을 전할 무언가를 주고 싶었지만 가난했던 시절이라 마땅히 줄 것도 없던 차에 어느 날 등굣길, 산속에서 빳빳하게 얼어 죽은 새 한 마리를 주웠단다.

방울새

초등학교 음악시간에 자주 불렀던 노래의 주인공, 쪼로롱쪼로롱 우는 방울새.

방울새는 잡아서 구워 먹던 참새와는 전혀 다른 세계의 환상적인 새였단다.

참새는 그저 소나무 껍질처럼 색깔도 칙칙하지만 방울새는 부리도 연한 분홍색, 날개깃은 노랗고 그래서 호사로워 보였단다.

그래서 그걸 선물할 생각으로 주머니에 넣고 학교에 갔단다.

이제나 줄까 저제나 줄까, 남들이 보면 어쩔까 마음 졸이다 복도에서 마주치자 방울새, 얼었던 몸이 녹아서 축 늘어진 그 방울새를 건네자 여학생은 기겁을 하고 손을 뿌리치며 달아났단다.

마룻바닥에 떨어진 새를 다시 주머니에 넣고, 집으로 돌아오는 길에 그 새를 주웠던 자리, 언 땅을 손 호호 불어가며 파고는 묻어주었단다.

그리고 그날 밤 울다가 잠이 들었단다.

방울새

방울새

나이가 들었을 때 친구는 그것이 첫사랑이라고 생각했단다.

첫사랑은 유년기의 종말이며 성인 세계로의 진입이다.
그것은 하나의 입문 제례의식이다.
그 의식은 남들이 보기에는 어리석은 짓처럼 보인다.

첫사랑은 하나의 새로운 발견이고 최초의 충격이다.
우리 사랑의 역사에서 사랑은 언제나 이전의 사랑으로부터 교훈을 얻는다. 그러나 첫사랑은 과거에 의존할 것이 없다. 따라서 그것이 사랑이었는지 아닌지도 알 수 없다. 첫사랑은 뼈와 살이 있는 존재가 아니라 아름답게 채색된 과거의 기억일지도 모른다. 따라서 시간이 흐를수록 그게 사랑이었던가 하는 물음에 시달릴지도 모르겠다.

첫사랑은 영원히 과거형이다.

어치, 드롱고, 검은해오라기, 동고비, 곤줄박이

새대가리라는 말은 우리가 우둔한 사람을 놀림조로 이를 때 흔히 쓰는 말이다. 새가 바보라고 생각하는 것은 비단 우리나라뿐만은 아닌 듯하다. 영어에서도 birdbrain은 멍청한 사람이라는 의미로 쓰인다. 프랑스어에서도 '머리가 홍방울새 같다', '머리가 참새 같다', 머리가 '거위 같다'라는 표현은 어떤 사람이 바보 같다는 의미로 쓰인다.

사람들은 왜 새대가리라는 말을 부정적으로 쓰는 것일까?

머리가 작아 보여서 그런 것일까?

그러나 20세기 말에서 21세기에 이르는 동안의 연구들은 새들은 전혀 바보 같지 않다는 사실을 증명하고 있다. 특히 앵무새과와 까마귀과의 새들은 바보와는 거리가 멀다.

이 새들의 경우 숫자를 셀 줄 알고, 본능이 아닌 경험에 의거해 자신의 행동을 교정하며, 현재의 경험을 미래의 행동에 투사할 줄 안다는 것이다.

새가 바보라는 편견을 가장 먼저 불식시켜주는 흔한 예가 앵무새의 경우다. 조류학자들은 앵무새의 지능지수를 30 정도로 본다. 발성학습 능력이 탁월한 앵무새는 다른 동물들의 소리를 재현하거나 사람의 복잡한 단어를 흉내 낸다. 이 새는 구관조처럼 단순히 흉내 내는 데 그치는 것이 아니라 경우에 따라서는 그 단어를 시

어치

기적절하게 사용해서 의사소통을 하기도 한다. 아프리카회색앵무새가 대표적인 경우다.

2007년에 죽은 알렉스라는 아프리카회색앵무새는 무려 800개의 단어를 사용했다고 한다. 보통 어느 나라에서건 그 나라 단어 1,000개 정도만 알면 일상생활에 지장이 없다고 하니 대단한 실력이다(www.youtube.com/아프리카회색앵무새 이야기 참조).

어치 또한 다른 새들의 소리를 흉내 내는 능력이 뛰어나다. 몇 년 전 어치가 자신의 영역을 지키기 위해 고양이 소리 내는 장면이 TV에 방영되어 사람들의 눈길을 끈 적이 있을 정도다.

까마귀 종류인 드롱고drongo는 뛰어난 발성학습능력뿐만 아니라 남을 속이는 창의력까지 지니고 있다.

우선 드롱고는 미어캣의 보호자다. 미어캣이 먹이를 잡느라 정신이 팔려 있을 때 미어캣을 노리는 독수리가 나타나면 드롱고는 울음소리로

드롱고

경고를 해서 미어캣이 도망치게 도와준다.

그런데 드롱고는 미어캣이 벌레를 잡고 있을 때 마치 독수리가 나타난 것처럼 거짓으로 경고음을 내서 미어캣이 먹이를 두고 굴속으로 피해 달아나면 떨어뜨린 그 벌레를 가로채기도 한다. 미어캣을 속여 먹이를 빼앗는 것이다(www.youtube. com/Drongo bird tricks Meercats 참조).

까마귀의 경우 지능지수가 40 정도, 학자에 따라서는 90에 달한다고 주장하는 이들도 있다. 까마귀는 도구를 만들어 그것을 이용하는 능력을 지니고 있다.

까마귀는 썩은 통나무 속에 사는 애벌레를 부리로 꺼낼 수 없으면 나뭇가지를 꺾어 구멍에 넣어서 애벌레를 꺼내려 시도한다. 만약 벌레가 끌려나오지 않고 나뭇가지에서 빠져버리면 부리로 나뭇가지 끝을 여러 갈래로 쪼개 삼지창 형태로 만들어 애벌레를 꺼낸다(www.youtube.com/까마귀 도구 사용 참조).

해오라기도 도구를 이용하는 새다. 해오라기는 사람들이 자신에게 준 빵을 먹

검은해오라기(가나)

지 않고 그것을 이용해 물고기를 유인하는 일종의 낚시를 즐긴다 (www.youtube.com/도구를 이용해 물고기 사냥하는 해오라기/낚시하는 새 참조).

곤충잡이 덫을 사용하는 새도 있다.

굴파기올빼미burrowing owl는 선호하는 먹이인 분식성 곤충을 유인하기 위해서 포유류의 똥을 자신의 둥지 앞에 뿌려놓는다고 미국의 생물학자들이 한 연구를 통해 밝혔다(*Nature*. 2004. 9.1.)

한편 자신을 덫으로 이용하는 새도 있다.

아프리카의 검은해오라기는 더운 낮시간, 수초가 있는 물가에 앉아 검은 날개를 활짝 펼친다. 그러면 물고기들이 자연스럽게 그 어둡고 시원한 그늘 아래로 들어온다. 검은해오라기는 이 기회를 놓치지 않고 물고기를 잡는다.

검은해오라기(가나)

곤줄박이

필요에 대비해 준비하는 능력을 지닌 새도 있다.

우리나라 중부 이북 지방에서 흔히 볼 수 있는 동고비나 곤줄박이는 작은 부스러기 먹이나 씨앗은 그 자리에서 먹지만 크기가 큰 견과류는 다람쥐처럼 겨울철을 대비해 나무 틈새에 숨겨놓기도 한다. 그런데 재미있는 것은 어치가 그 광경을 보고 저장해둔 먹이를 훔쳐간다는 점이다.

새대가리라는 말을 조롱이나 욕으로 사용하는 순간 우리는 인간의 오만함을 자인하는 것이다.

새도 인간도 모두 동등한 지구의 주민일 뿐이다.

10. 보고싶은 것만 보인다

때까치, 홍때까치, 노랑때까치, 칡때까치, 할미새사촌

그날은 주중이어서 외연도에 탐조하는 사람은 거의 없었다. 발전소를 왼쪽으로 끼고 언덕으로 올라가는데 갈대가 병풍처럼 둘러싼 봉분 위에 뭔가 새가 보였다. 5월이니 아직 꽃이 피지 않은 나리 새순 꼭대기에 회색빛 큼직한 새가 앉아 있었다.

순간적으로 머리에 떠오른 것은 이름도 독특한 큰재개구마리(요즘에는 재때까치라고 부른다)였다. 이 새는 유라시아와 북아프리카에서 번식하며, 위도상으로는 북위 42도에서 70도 사이에서 보인다. 아이슬란드나 영국의 섬들, 지중해 지역과 한국에서는 길잃은새로 분류된다. 그래서 한국에서는 보기 드문 겨울새다. 개구마리는 때까치의 북한 사투리라고 한다. 한반도 남쪽에서는 보이지 않기 때문에 북한식의 이름이 그대로 굳어졌는가 보다.

외연도에 들어가기 직전 태안의 마도에서 홍때까치와 노랑때까치도 보았기 때문에 큰재개구마리만 보면 때까치과의 새는 모두 보는 셈이었다. 탐조 초기의 가장 큰 관심사는 언제 300종을 채우느냐이고, 두 번째 관심사는 한 과의 모든 종을 채우는 것이기 때문에 드디어 오늘 때까치과를 모두 채우는구나 하는 생각뿐이었다.

때까치

홍때까치

노랑때까치

칡때까치

어떤 새를 처음 보았을 때, 특히 보고싶던 새를 보고 셔터를 누를 때 손가락 끝에서 느껴지는 감동은 여름날 뙤약볕 아래 한나절 넘게 기다리다 처음 솟아오르는 찌를 보고 낚싯대를 챌 때의 감동보다 더하다. 가슴이 떨리고 손가락이 떨려서 처음 몇 장의 사진은 블러로 망치기 일쑤다.

그런데 이 새는 너무도 착해서 나리 순의 꼭대기에 오랫동안 앉아 있거나, 움직인다고 해도 바로 옆의 나리로 옮겨갈 뿐이었다.

아마 수백 장 정도, 그것도 구도가 좋고 지저분한 장애물이 없는 사진을 수백 장 찍은 것 같았다.

친구에게 전화를 걸었다.

"큰재개구마리가 있어요!"

"내일 오후 배로 들어가겠습니다."

큰재개구마리를 보았다는 흥분으로 잠을 설치고 다음 날 아침 아직도 그곳에 있는지 확인을 하러 갔다. 왜냐하면 새들이 이동하는 철에는 아침 저녁으로 상황이 바뀌기 때문이다. 철새이기 때문에 일단 기운을 차리면 해 뜨기 전에 모두 사라져버린다.

전날 보았던 무덤 근처에 도착하니 한 마리가 나리 순 위에서 먹이활동을 하고 있었다.

친구들이 와도 허탕을 칠 일이 없다는 안도감!

그런데 언덕길을 오르는데 여기도 한 마리, 저기도 한 마리 무려 네 마리나 보인다. 그 귀하다는 새가 어떻게 네 마리씩이나 있을 수 있을까? 내게 그런 행운이 올까라는 의구심이 들었고, 아닐지도 모른다는 생각에 가슴 한구석이 먹먹해졌다.

할미새사촌

부랴부랴 도감을 꺼내서 카메라의 사진과 비교해보니 뭔가 이상하다.

결국 그것은 할미새사촌 수컷이었다.

전날 처음 보았을 때의 흥분보다도 더 격한 낭패감과 자괴감에 얼굴이 화끈했다. 두 종은 달라도 너무 다른 모습이었다.

친구에게 곧바로 전화를 걸었다.

"죄송! 큰재개구마리가 아니라 할미새사촌이었네요."

"아니요, 연락해주셔서 고맙습니다. 할미새사촌도 귀한 새입니다."

친구는 무안해 하는 나를 그렇게 위로했다.

그렇게 고마울 수가!

지금도 그때를 생각하면 얼굴에 열기가 스쳐간다.

아무리 초보자였다고 하더라도 그렇게 잘못 볼 수 있을까?

할미새사촌을 큰재개구마리로 본 것이 정말 나 자신이었을까?

그냥 나는 보고싶은 것만 보았던 아주 뒤틀린 존재였던 셈이다.

그러니 내가 본 것이 곧 실상이라고 고집부릴 일이 아니다.

겸손해질 일이다.

사실 곰곰이 따져보면 큰재개구마리가 5월에 외연도에 나타날 일은 거의 없다. 겨울새니까.

아직도 큰재개구마리를 만나지 못했다.

2013년 12월 서산에 13년 만에 나타났다는 소식만 들었다.

11. 형산강 물수리 소고

물수리, 왜가리

해마다 가을걷이가 시작되는 10월, 포항의 형산강에서는 세 가지 장관이 펼쳐진다.

하나는 얼룩무늬 위장천으로 감싼 거대한 600밀리 망원렌즈가 강둑을 따라 죽 도열해 있는 모습이고, 둘째는 등을 보이고 퍼덕이며 얕은 강물을 거슬러 올라오는 숭어들의 모습이다. 이러한 두 가지 장관은 세 번째 것을 완성하기 위한 필요조건에 지나지 않는데, 바로 물수리의 숭어 사냥 장면이다.

물수리는 러시아에서 지내다 월동하기 위해 주로 동서해안의 하천을 따라 남하한다. 그래서 강릉의 남대천이나 포항의 형산강에서 주로 목격되고 서산의 간척지에서도 이따금 보인다.

형산강 물수리 촬영이 탐조인들 사이에서 사랑을 받는 이유는 간단하고 명료하다.

우선 주변 생태계가 잘 보존되어 있어 먹이가 풍부하다. 바다에서 산란한 숭어가 다시 강으로 돌아오는 가을에는 어찌나 많은 숭어가 올라오는지 물 반 고기 반이다. 사람들은 미끼를 달아 고기를 낚는 게 아니라 여러 개의 갈고리바늘을 달아 훑쳐서 잡는 훑치기낚시로 숭어를 잡아 올린다. 낚시의 여유로움을 즐기기보다는 마치 먹기 위해 고기를 잡는 것처럼 보인다.

둘째로는 물수리가 사냥하는 포인트가 100미터 이내로 상당히 가깝고 시야가 트여 있어 촬영이 용이하기 때문이다.

물수리는 하늘을 선회하다가 먹이를 포착하면 말 그대로 쏜살같이 빠른 속도로 수면으로 돌진한다. 물수리가 사냥을 위해 수면으로 하강하는 속도는 시속 200킬로미터가 넘는다고 한다(하강 속도가 가장 빠른 새는 매로 알려져 있는데 무려 시속 320킬로미터에 달하고 검독수리는 240킬로미터 정도라고 한다). 숭어가 물위로 떠오르면 물수리는 두 다리를 뻗어 날카로운 발톱으로 낚아챈다. 헛챔질로 빈손(?)으로 날아오르는 경우도 있고, 물고기가 너무 커서 끌어올리지 못하고 물속에서 퍼드덕대다 허탕을 치는 경우도 있지만 두세 번 중 한 번은 성공하는 듯하다. 실제로 물수리 날개에는 유분이 많지 않아 물속에서 오랫동안 날개를 퍼드덕거리다가 익사할 수도 있다고 한다. 이따금 아주 큰 숭어를 낚아챈 물수리가 힘겹게 날아가는 모습은 마치 1950년대 구식 전투기가 보조 연료탱크를 달고 비행하는 듯한 느낌을 주기도 한다.

물수리

사냥에 성공한 물수리는 대개 우리의 시야에서 벗어난 곳으로 날아가는데 그 과정도 가끔은 만만치 않다. 주위에 있는 갈매기들이 먹이를 빼앗으려고 달려들기 때문이다. 갈매기가 물수리를 공격하는 장면 또한 이곳에서의 구경거리다.

물수리

그러니 가을날의 형산강은 살아남기 위한 투쟁이 끊임없이 일어나는 곳이다.

숭어는 상류로 거슬러 올라가야 하고, 물수리는 그걸 사냥해야 하고, 숭어를 잡을 능력이 없는 갈매기는 물수리에게서 탈취해야만 한다.

물수리

왜가리

　눈을 돌려 보면 보가 있는 얕은 물에서는 왜가리들이 숭어 사냥에 열심이다. 왜
가리들은 숭어를 부리로 찍어 잡는다.

먹는 자와 먹히는 자의 눈이 함께 보인다.

살아 있는 자의 눈과 죽어가는 자의 눈이 함께 보인다.

어느 것이 삶이고 어느 것이 죽음인가?

가을의 형산강에는 삶과 죽음의 경계가 없다.

자연의 섭리만 있을 뿐.

왜가리

12. 따오기가 일본 새?

한국동박새, 따오기, 가마우지, 양진이

새내기 시절 외연도에서의 일이다.

갑자기 한 사람이 그 무거운 카메라를 메고 뛴다. 그러자 모두 뛰기 시작한다. 누군가 갑자기 달려가면 뭔가 귀한 새가 있다는 증거라는 걸 새내기인 나도 알고 있었으니 덩달아 달려갈 수밖에.

'한국동박새가 나타났다네요, 오늘 종 추가할 수 있겠어요!'

동박새도 서천 동백정에서 겨우 한 번 보았던 나는 죽을 힘을 다해 달려갔지만 너무 늦은 바람에 결국 나뭇가지에 가려져 동박새인지 한국동박새인지 구분할 수 없는 사진 하나만 겨우 찍고 말았다.

저녁 숙소에서 도감을 펼쳐놓고 한국동박새에 대해 알아보던 중 이 새의 명칭이 chestnut-flanked white-eye라는 것을 알고 깜짝 놀랐다. 한국동박새이니 당연히 한국의 고유종이고 따라서 영명에 Korean이라는 수식어가 붙어 있으리라 생각했기 때문이다. 이리저리 뒤져보니 한국동박새는 우리나라에서는 나그네새로, 만주에서 번식하고 중국의 윈난성이나 동남아에서 겨울을 나는 것으로 되어 있다. 나그네새니까 당연히 우리에게는 귀한, 드문 새일 수밖에 없었다(사진은 3년 후 굴업도에서 촬영).

내친 김에 '한국'이라는 수식어가 붙은 새가 몇 종 더 있는지 살펴보니 3종이 더

있었다. 바로 한국밭종다리와 한국뜸부기, 한국재갈매기. 그런데 이 3종의 영명에
도 Korean이라는 수식어는 없었다.

한국밭종다리는 영명으로 rosy pipit이고 네팔, 아프가니스탄, 부탄, 중국의 산
악지대에 사는 새로서 우리나라에서는 길잃은새로 분류되고 있다. 한국뜸부기의
영명은 band bellied crake. 역시 나그네새다. 2008년 5월 서울의 한 아파트 주차장
에서 발견되어 한바탕 소동이 난 적 있다.

한국동박새

한국동박새

한국재갈매기는 영명으로 mongolian gull. 직역하면 오히려 '몽골갈매기'다. 한국재갈매기는 1990년대 초 우리나라에서 보고된 이후 해안, 하구, 강, 호수 등지에서 소수가 겨울에 도래하는 철새이다. 중앙아시아에서 일부 번식하고, 한국과 일본의 해안에서 관찰된다고 한다.

그렇다면 '한국'이라는 수식어는 한국에서만 사용되는 온전히 주관적인 것에 지나지 않는다. 보다 객관적으로 통용되는 영명에 Korean이라는 수식어가 붙은 새는 없을까?

공연히 조바심이 나서 '일본Japanese'이라는 수식어가 붙은 새는 얼마나 될까 하고 살펴보았다. LG 상록재단에서 출판한 『한국의 새』에 의하면 무려 17종이나 된다. 메추라기, 붉은해오라기, 따오기, 조롱이, 큰소쩍새, 쇠딱다구리, 긴꼬리딱새, 홍여새, 섬휘파람새, 솔새, 동박새, 검은지빠귀, 붉은가슴울새, 쇠바위종다리, 검은등할미새, 큰부리밀화부리, 쇠검은머리쑥새 등이다.

이 중에서 나의 관심을 끌었던 것이 따오기다.

> 보일 듯이 보일 듯이 보이지 않는
> 따옥따옥 따옥 소리 처량한 소리
> 떠나가면 가는 곳이 어디메이뇨
> 내 어미니 가신 나라 해 돋는 나라
>
> 잡힐 듯이 잡힐 듯이 잡히지 않는
> 따옥따옥 따옥 소리 처량한 소리
> 떠나가면 가는 곳이 어디메이뇨
> 내 아버지 가신 나라 달 돋는 나라

어렸을 때 자주 불렀고, 지금도 노래방에 가면 반주 없이 부르는 노래. 윤극영 선생님이 작곡한 이 동요 「따오기」는 따옥따옥 우는 소리만큼이나 애절한 노래로, 초등학교 때부터 반일과 반공을 배웠던 세대에게는 어린 시절을 눈앞으로 불러오는 노래다. 초등학교 때 담임 선생님의 말씀에 의하면 이 노래는 일제강점기에 가창이 금지되었다가 광복 후부터 다시 부를 수 있게 되었다. 요즘 말로 바꾼다면 국민동요라고 할 수 있을까.

정부에서 2008년 우포에 따오기복원센터를 만들어 1979년 이래 발견되지 않는 따오기를 복원하려는 것도 따오기에 대한 국민들의 정서 때문이리라.

그런데 이 따오기의 영명이 Japanese crested ibis이고, 학명은 아예 *Nipponia nippon*이다.

우리의 애환 어린 일제강점기를 상징할 수도 있는 따오기의 명칭에 '일본'이라는 수식어가 붙어 있는 것을 알았을 때 마치 내가 모욕당한 듯한 느낌이었다.

따오기복원센터의 따오기

그런데 Japanese라는 명칭으로 불리더라도 이 새들이 일본의 고유종endemic도 아니었다(일본에는 10여 종의 일본 고유종이 있다. 그런데 이 고유종들의 이름에는 지방 이름만 붙는다. 무코지마 동박새, 오키나와 뜸부기, 아마미 딱다구리 등등).

따오기복원센터의 따오기

방사된 따오기

어찌된 일일까?

내가 짐작하건대 일본이 서양 문물을 우리보다 먼저 받아들여 교류를 시작했으니 일본 학자든 서양 학자든 간에 일본에서 발견되는 새들 중 영명으로 소개되지 않은 새에 Japanese라는 수식어를 붙여 서양에 소개한 것이 아닐까? 아니면 국수주의적인 태도로 이름을 선점한 것일 수도 있다.

사실 따오기는 원래 우수리강이나 중국, 한국, 일본에 살았지만 서양에 처음 소개된 것이 일본산이어서 이렇게 불리게 되었다고 한다.

오늘날처럼 정보가 많지 않고 통신수단도 발달하지 못했으니 따오기가 우수리강이나 한국에도 서식한다는 사실을 알지 못했을 것이고, 그래서 Japanese라는 수식어를 붙였을 수도 있다.

그런데 식물의 학명에 관해서 살펴보면 기가 막힐 정도로 분노가 치미는 일이 있다. 일제강점기에 한국의 식물에 관해 연구하던 나카이 다케노신이 한반도의 고유종 527종 중 무려 327종에 자신의 이름 나카이를 붙인 것이다. 우리가 잘 알고 있는 금강초롱의 학명도 '하나부사야 아시아티카 나카이*Hanabusaya asiatica* Nakai'다. 그가 객관성과 합리성을 원칙으로 삼는 과학자라면 학명에 '한국Coreana'이라는 용어를 썼어야한다. 이기적인 공명심의 발로라고 볼 수밖에 없다.

이와 같이 새의 명칭에는 비합리성이 꽤 많이 존재한다. 국가의 명칭뿐 아니라

가마우지

양진이

사람의 이름도 꽤 들어 있다. 우리나라 하천 곳곳에서 물고기를 잡다가 젖은 날개를 활짝 펼치고 있는 가마우지는 Temminck's commorant이고, 제사상에 올려놓던 빨간 사탕 같은 가슴 색깔 때문에 칙칙한 겨울 풍경에서 단연 눈에 띄는 양진이는 Pallas's rosefinch다.

테민크Coenraad Jacob Temminck는 18, 19세기의 동물학자였던 네덜란드 사람이고, 팔라스Peter Simon Pallas는 18, 19세기의 프러시아 동식물학자이다. 아마 이들은 학계에 보고하면서 자신의 이름을 붙였거나 아니면 후학들이 존경을 표하느라 이렇게 붙였을 것이다.

새 이름에 국명을 붙이면 우리는 그 새가 그 나라에서 서식한다는 것을 짐작할 수 있겠지만 그 새의 생김생김은 알 수가 없다. 더구나 이렇게 개인의 이름을 붙인다면 도대체 그 새가 어디에서 서식하는지 어떻게 생겼는지 전혀 짐작할 수 없다.

이름치고는 최악의 이름이라 할 수 있다. 결국 이런 명칭은 개인의 공명심에서 나오는 것 아닐까? 과학을 하는 이들이 가장 비과학적이고 가장 비합리적인 행위를 하는 것이다. 호랑이는 죽어서 가죽을 남기고 사람은 죽어서 이름을 남긴다지만 이런 이름은 불편함만 남길 뿐이다.

요즘 들어와 Korean이라는 수식어가 붙는 이름이 하나 생겼다. 흰눈썹황금새다. 전에는 yellow rumped flycatcher, tricolore flycatcher라고 불렸는데 Korean flycatcher도 병기되고 있다(Handbook of the birds of the world, wikipedia 참조).

인간이 만들 수 없는 것, 자연을 가지고 장난치는 일은 죄받을 일이다.

13. 탁란

휘파람새, 벙어리뻐꾸기, 뻐꾸기, 바이올렛뻐꾸기, 갈색목태양새, 블랙앤옐로우브로드빌,
검은등뻐꾸기

파주에 사는 지인에게서 전화가 왔다.

"뻐꾸기 탁란하는 거 보러 오실래요?"

만사 젖혀놓고 갈 일이었다. 탐조 4년차, 300여 종을 보았는데도 탁란 장면은
아직 보지 못했기 때문이다. 탁란은 몹시 흥미로운 일이었다.

어떤 새가 자신의 둥지를 짓지 않고 다른 새의 둥지에 알을 낳아 자기 새끼를
대신 기르게 하는 것을 탁란託卵이라고 한다. 이 경우 위탁하는 새를 탁란조라 하
고, 대신 기르는 새를 숙주 또는 숙주새라고 부른다.

탁란에는 두 가지 종류가 있는데 같은 종의 둥지에 알을 낳는 것을 동종탁란同
種託卵, 다른 종의 둥지에 알을 낳는 것을 이종탁란異種託卵이라고 한다. 동종탁란의
대표적인 새가 홍학이다. 어떤 종들은 새끼를 기를 수 없기 때문에 이 방법을 이용
하기도 하고, 또 협력하는 차원에서 이용하기도 한다. 이 새들은 정상적으로는 자
신의 둥지를 만든다.

여기서 우리의 관심을 끄는 것은 이종탁란이다. 이종탁란은 의무탁란이라고도
하는데, 그것은 탁란하지 않으면 종의 번식이 불가능하기 때문에 반드시 의무적으
로 탁란을 해야 한다는 의미다. 세계적으로 탁란하는 새는 100여 종으로 알려져
있다. 두견이과는 전 세계에 대략 140종이 있는데 30종 정도가 탁란한다고 한다.

우리나라에서는 두견이, 뻐꾸기, 벙어리뻐꾸기, 매사촌 등이 의무탁란하는 것으로 알려져 있다.

탁란 과정은 대략 다음과 같다.

우선 탁란조 암컷들은 알을 낳기 위해 매우 조심스럽게 숙주의 둥지에 접근한다. 어떤 종은 들키지 않고 알을 낳는 최적의 순간을 알아내기 위해 잠재적인 숙주의 생활을 가까이에서 살피기도 하고, 어떤 뻐꾸기들은 수컷이 둥지 가까이에서 노래를 함으로써 숙주의 주의를 끌어 암컷이 공격당하지 않게 한다.

탁란조는 숙주에게 들키지 않기 위해 알을 재빨리 낳는다. 보통 새가 알을 낳는

휘파람새

데 평균적으로 몇 분이 걸리는 것에 비해 뻐꾸기의 경우 2, 3초라고 한다.

탁란조는 자신의 알이 들키는 것을 피하기 위해 자신의 알 색깔과 비슷한 색깔의 알을 낳는 새를 숙주로 삼는다. 예를 들면, 두견이는 숙주인 휘파람새와 비슷한 초콜릿색 알을 낳고, 매사촌은 숙주인 쇠유리새와 비슷한 푸르스름한 알을 낳는다. 뻐꾸기는 숙주인 붉은머리오목눈이의 알과 같은 색깔인 파란색의 알을 낳는다.

탁란조는 탁란을 보장하기 위해 숙주의 알을 버리기도 한다.

알의 부화시기도 탁란조가 훨씬 빠르다. 예를 들면, 휘파람새 새끼는 14일 만에 깨어나는 데 비해 두견이는 9일밖에 걸리지 않는다. 숙주의 새끼보다 빨리 알에서 나와 빨리 성장하고 덩치도 더 커서 숙주가 물어오는 먹이를 독점하기 위한 것이

벙어리뻐꾸기

다. 어린 뻐꾸기는 부화한 지 몇 시간 만에 둥지 안에 있는 것은 알이든 새끼든 간에 둥지 밖으로 밀어버린다. 그리고 뻐꾸기는 숙주가 제 새끼를 기르는 동안 주위에서 끊임없이 소리를 내어 자신이 어미임을 각인시킨다. 정체성을 확인시켜주는 것이다.

파주에 도착하니 붉은머리오목눈이가 새끼 뻐꾸기에게 쉴 새 없이 벌레를 잡아다 먹이고 있었다. 새끼 뻐꾸기는 이미 한참 자라서 먹이를 받아먹으려고 주둥이를 벌리면 붉은머리오목눈이의 머리가 주둥이 안으로 몽땅 들어갈 정도여서 저러다 새끼 뻐꾸기가 붉은머리오목눈이를 삼켜버리지나 않을까 걱정이 들 지경이었다.

둥지도 커버린 새끼 뻐꾸기에게 눌려서 땅바닥으로 떨어지지나 않을까 걱정스러웠다. 어쨌거나 그 작은 붉은머리오목눈이가 먹이를 물어다 뻐꾸기에게 먹이는

뻐꾸기 탁란 장면

98

광경은 참 신기할 뿐이었다.

몇 년 후 EBS에서 탁란에 관한 다큐멘터리를 보았다.

그러나 막상 파주에서 보았던 때와는 느낌이 사뭇 달랐다. 알에서 먼저 깨어난 뻐꾸기가 알을 밀어내는 장면은 그럭저럭 넘길 수 있었으나 붉은머리오목눈이 새끼를 밀어 떨어뜨리고 떨어진 그 새끼가 죽어가는 장면은 너무도 참혹했다. 내가 실제로 본 장면은 단지 먹이를 먹이는 장면이었으니 신기할 뿐이었지만 땅바닥에 떨어져 죽어가는 붉은머리오목눈이 새끼의 모습을 보았을 때는 분노마저 치밀어올랐다. 하기는 북아프리카에 서식하는 꿀길잡이새honey guide는 부리 끝에 날카로운 이빨이 달려 있어, 아직 털도 나지 않고 볼 수도 없는 상태지만 이빨로 다른 새끼들을 물어 죽인다고 한다.

인간의 입장에서 보면 뻐꾸기는 얌체, 그것도 잔인한 얌체임에 틀림없다.

그러나 이 세상에, 지구에 존재하는 모든 생물이 지구의 주민이고 존재 이유가 있다면, 번식하고 번성할 권리를 가지고 있다면 어찌 그것을 욕할 수 있을까?

뻐꾸기는 부모로부터 배우지 않아도 번식하는 방법을 이미 알고 있다.

남산의 소나무는 설악산의 소나무보다 더 많은 솔방울을 맺는다고 한다. 생육 조건이 좋지 않기에 많은 씨를 퍼뜨려야 살아남을 수 있기 때문이다.

프랑스의 민들레는 이 주일에 한 번씩 깎아주다가 그 주기를 일주일로 당기면 일주일에 꽃을 피운다.

누가 가르쳐주었을까?

종족 보존의 본능만큼 완벽한 것은 없다.

그것이 지구촌의 균형을 잡아주고 지구를 존속하게 한다.

보르네오에서 본 바이올렛뻐꾸기의 탁란 장면. 갈색목태양새가 숙주다. 갈색목
태양새의 크기는 13센티미터, 암수가 교대로 먹이를 공급한다.

갈색목태양새

바이올렛뻐꾸기

갈색목태양새가 바이올렛뻐꾸기에게 먹이를 주는 장면

보르네오에서 본 검은등뻐꾸기의 탁란 장면. 숙주는 블랙앤옐로우브로드빌,
크기는 15센티미터다.

블랙앤옐로우브로드빌

검은등뻐꾸기

검은등뻐꾸기 유조

블랙앤옐로우브로드빌이 검은등뻐꾸기에게 먹이를 주는 장면

14. 새들은 노래할까? 울까?

귀염굴뚝새, 굴뚝새, 꾀꼬리

청아한 새소리가 들렸다. 한국에서도 프랑스에서도 들어본 적이 없는, 비슷한 소리조차 들어본 적이 없는 지저귀는 소리.

파리에 갈 때마다 빼놓지 않고 들르는 로댕미술관 뒤편에 있는 정원에서였다. 어느 때는 미술관 안에서 〈포옹〉, 〈성당〉, 〈비밀〉과 같은 조각 작품이나 데생을 보는 것보다 나무 사이를 걷는 것이 더 좋다. 내부에 전시되어 있는, 철저히 보호받는 로댕 작품의 완벽함에 감탄하기도 하지만, 동시에 그 완벽함에 숨이 막히는 듯한 느낌도 받기 때문이다. 뒤편의 정원에는 미완 작품들이 마치 버려진 듯 허술하게 전시되어 있는데, 그래서 오히려 더 여유로움이 느껴지기도 한다. 로마나 아테네의 폐허에서 느끼는 여유로움 같은 것.

경쾌한 소리가 들렸지만 우거진 5월의 키 작은 관목들 속에서 그 소리의 주인공을 찾는 일은 쉽지 않았다. 삼사십 분쯤 찾아 헤맨 후 눈에 들어온 것은 프랑스의 귀염굴뚝새troglodyte mignon 한 마리였다. 처음에는 이것이 과연 굴뚝새일까, 다른 종이 아닐까 하는 의구심으로 따라다니면서 확인하고 또 확인을 했다.

내가 전에 보았던 귀염굴뚝새는 먹이를 잡으면서 두 음절이나 세 음절의 날카로운 음—찍찍, 찍찍찍—을 냈기 때문이다. 도감으로 확인하니 프랑스에는 단 한 종의 굴뚝새만 서식하고 있었다.

귀염굴뚝새(프랑스)

새 하나에 전혀 다른 두 가지 소리였으니, 참으로 신기할 뿐이었다.

입문자의 즐거움이 바로 이것 아니겠는가?

세계는 경이로움을 매일매일 선사하지 않는가!

나중에 보니 우리나라의 굴뚝새도 완전히 다른 두 종류의 소리를 낸다.

조류학에서는 새의 소리를 크게 둘로 구분한다. 하나는 노래song이고, 다른 하나는 경계음call이다.

새의 노래는 두 가지 주요 기능을 가진 것으로 알려져 있다. 하나는 영역을 지키기 위함이고, 다른 하나는 번식을 위해서다. 즉, 어떤 수컷이 일정한 곳에 정착하게 되면 그 수컷은 소리를 내어 다른 수컷이 자신의 영역에 침입하지 못하도록 경고하는 동시에 그 영역에 암컷을 끌어들인다.

참새목의 어떤 종들은 노래의 형태나 리듬, 강약으로 두 가지 기능을 달리 표현해낸다. 예를 들면 짝을 찾는 개개비 암컷은 큰 소리로 단호하게 소리를 내다가 일단 짝을 찾으면 소리를 낮추고, 다른 수컷이 있더라도 더 이상 큰 소리를 내지 않는다. 그러니까 노래는 번식과 관련된 발성이라고 할 수 있다. 노래는 대개 일정한 구조와 리듬으로 반복되거나, 약간의 변주가 있더라도 테마는 같다.

그렇다면 모든 새들은 노래할까?

답은 '아니다'.

통상적으로 시야가 확보되지 않는 숲이나 정글, 키가 큰 풀들이 자라는 곳에서는 시각보다 청각이 더 확실하기 때문에 노래가 유용하다. 역으로 시야가 확보되는 개방된 공간, 즉 호수나 해변, 바위가 많은 곳에서 육추하는 새들은 노래를 이용하지 않는다. 우리가 해오라기나 오리, 가마우지의 노래를 들을 수 없는 이유가 바로 이것이다.

경계음은 노래에 비해 음악적이지 않고, 청각적으로 단순하다. 경계음은 성적인 기능을 포함하지 않는다. 번식을 위해 암컷과 수컷 사이에서 사용되는 음이 아니라 같은 종의 다른 구성원들 간에 사용되는 것이다. 즉, 자신의 위치를 알려주거나 동료들에게 무엇인가를 요구할 때, 적의 침입을 경고하거나 아니면 적을 내쫓기 위해서 쓰인다. 기러기가 꽥꽥 소리를 내는 것은 '나를 따라오라'는 의미이고, 울새가 툿툿 소리를 내는 것은 '위험하다'라는 의미다.

노래와 경계음의 차이를 쉽게 확인할 수 있는 것이 꾀꼬리의 경우다.

꾀꼬리

꾀꼬리 소리가 아름다운 옥 쟁반에 구슬 구르는 소리 같다고 하고, 노래를 잘 부르는 사람을 가리켜 목청이 꾀꼬리 같다고 말하는 것처럼 꾀꼬리 소리는 음색이 맑고 구르는 듯하다. 이것이 꾀꼬리의 노랫소리다.

한편으로 여인네가 앙탈 부리는 듯한, 어찌 들으면 괴물 같은 소리도 내는데 이 것은 암수가 서로를 부를 때 내는 경계음이다.

이렇게 생물학적인 사실에 근거해 노래와 경계음을 알아보고 있노라면 새가 노래할까, 울까라는 질문에 대한 답은 분명하다.

새들은 결코 우는 것이 아니다. 짝을 짓기 위해서 내는 소리가 울음이 아닐 테니까. 그런데 왜 우리는 새가 운다고 말하는가?

중국에서도 새들이 운다고 하여 鳥啼, 鳥鳴 같은 표현을 쓴다.

고등학교 시절 한문 시간에 배웠던 맹호연孟浩然의 오언절구 〈춘효春曉〉를 예로 들어보자.

春眠不覺曉(춘면불각효)	봄날 잠에 취해 새벽 온 줄 몰랐는데
處處聞啼鳥(처처문제조)	여기저기 새 우는 소리 들린다.
夜來風雨聲(야래풍우성)	밤중 비바람 소리 들렸는데
花落知多少(화락지다소)	꽃잎은 얼마나 떨어졌을까.

"우리 한국 사람은 새가 운다고 말하고 서양 사람들은 새가 노래한다고 말하는데 그 까닭은 우리가 세계를 비극적으로 바라보기 때문이다"라는 이어령의 말도 일견 일리가 있는 듯하다.

그러나 이 말은 좀 너무 나갔다는 생각이 든다. 왜냐하면 글자 그대로의 의미만 따른다면 '울다'의 반대말은 '노래하다'가 아니라 '웃다'이기 때문이다. 굳이 말하자면 슬픈 노래도 있지 않은가!

'새가 운다'와 '새가 노래한다'를 구분하는 것은 아무런 의미가 없다.

그것은 모두 새가 지저귀는 것을 의미하기 때문이다.

얼마나 우리는 모순되는 말을 자주 쓰는가!

사람은 객관적으로 사는 것이 아니다.

15. 원앙금침?

원앙, 흑기러기, 두루미, 재두루미, 흑두루미

어렸을 때, 초등학교에 들어가기도 전에 잠잘 때 가장 불편했던 것이 베개였다.

사각형의 긴 베개였는데 각이 진 데다가 너무 높아서 잠들기도 힘들었고 자고 일어나서도 목이나 어깨가 결리기 일쑤였다. 양쪽 베갯모에는 알록달록하고 화려한 새 한 마리와 잿빛의 수수한 새 한 마리가 수놓아져 있었는데 후에 그것이 원앙이라는 것을 알았다.

처녀공출을 피해서 열여덟 나이에 어머니가 시집올 때 혼수로 가져오신 것이었다(지금도 위안부가 없었다고 주장하는 수정주의자들이 있다. 일본 사람뿐만 아니라 우리나라 학자들도!). 원앙이 수놓아진 이불은 기억이 없지만 아마 가져오셨을 것이다. 예전에는 원앙금침이 필수적인 혼수였으니까. 원앙은 암수 두 마리가 함께 다닌다고 하여 화목한 부부를 비유하기도 하고 동양화의 소재로도 많이 등장한다. 원앙금침에는 부부가 원앙처럼 사이좋게 살라는 바람이 담겨 있다.

조류 세계 또는 범위를 넓혀 동물의 세계에서 짝을 선택하는 권리는 수컷이 아닌 암컷이 가지고 있다. 암컷이 수컷을 선택하는 것이다. 선택받은 수컷은 암컷을 잃지 않기 위해, 암컷의 환심을 사기 위해 당연히 암컷에게 잘할 수밖에 없다. 파랑새의 경우 교미하기 위해 암컷에게 벌레를 잡아다 주는 광경을 쉽게 볼 수 있다. 이런 장면을 보고 옛사람들은 원앙이 금슬이 좋다고 생각했을 것이다.

원앙이 금슬 좋은 부부의 표상으로 쓰이는 것은 우리 문화뿐 아니라 중국이나 일본에서도 마찬가지다.

　　이러한 이유 외에 원앙을 화목한 부부애의 상징으로 쓴 까닭은 지극히 다른 암수의 모습에서 기인하는 것이 아닌가 생각해볼 수도 있다. 중국에서는 암컷과 수컷 모

원앙 암컷과 수컷

짝짓기하는 원앙

양이 완전히 달라 서로 다른 새인 줄 알고 수컷은 '원鴛', 암컷은 '앙鴦'이라고 이름을 붙였는데 나중에서야 같은 종이라는 것을 알고 합쳐서 '원앙'이라 불렀다고 한다. 인간의 결혼 역시 완전히 다른 존재인 남녀가 합쳐서 새로운 한 쌍이 되는 일 아닌가! (고성 건봉사 근처에서 뜻하지 않게 원앙이 짝짓기하는 모습을 보았다.)

그런데 실제로 원앙이 그렇게 금슬이 오랫동안 좋은 것은 아니다. 지구에 서식하는 새의 절반이 참새목에 속하고 새의 절반은 지속적인 관계를 갖지 않는다고 한다. 이 새들은 번식기에 일시적으로 또는 불완전하게 몇 주 동안 관계를 지속한다.

원앙의 경우도 번식기가 끝나면, 즉 암컷이 알을 낳으면 수컷은 미련 없이 떠나버리고 다음 해에는 새로운 짝을 서로 찾는다. 그러니까 금슬 좋게 백년해로하는 경우는 없는 것이다.

암컷과 수컷의 의가 좋다고 알려진 새에는 기러기, 고니, 두루미, 거위, 까마귀 등이 있다. 이 새들은 몇 년 동안 배우자 관계를 지속한다고 한다.

특히 기러기는 암수가 사이좋은 새로서 우리 문화에 자주 등장한다. 홀아비나 홀어미가 신세타령을 할 때 '짝 잃은 기러기 같다'고 말하며, '외기러기 짝사랑'이라는 표현도 있다.

전통 혼례식에서 나무를 깎아 만든 기러기 목안木雁을 전하는 전통도 이러한 연유에서다. 이것은 혼례 때 신랑이 신부집에 가서 혼례의 첫 의식으로 나무 기러기를 신부 어머니에게 드리는 것이다. 그래서 혼인 예식을 '전안례奠雁禮'라고도 한다.

또 기러기가 다정한 형제처럼 줄을 지어 함께 날아다니므로, 남의 형제를 높여서 안행雁行이라고도 한다.

그런데 기러기가 일부일처제를 고집하는 이유는 새끼들이 성조가 될 때까지 생존

하는 것을 돕기 위함이다. 어린 기러기도 다른 새끼 새들처럼 해를 당하기 쉽다. 따라서 성조가 되기 위해 시간이 필요한 새끼들이 살아남을 수 있도록 부모들은 몇 주, 몇 달 동안 보살펴야만 한다. 수컷의 도움이 없으면 다음 배의 새끼들을 생산하기 위한 영양을 예비할 수 없기 때문이다. 종족 보존이 어렵게 되는 것이다.

　유학 간 아이들을 보살피기 위해 부인을 외국에 따라 보내고 국내에 남아 일을 하면서 가족을 만나러 가는 아버지를 기러기 아빠라고 한다.

　그 이유는 무엇일까? 철새인 기러기처럼 일 년에 한 번 찾아가기 때문인가? 아니면 한쪽이 죽으면 다른 한쪽은 새끼 기르기만 전념하는 희생적인 기러기 모습 때문인가?

두루미

재두루미

흑두루미

두루미의 가족 사랑도 기러기 못지않다.

두루미는 한배에 두 개의 알을 낳는다. 두루미는 키가 약 1.5미터, 몸무게도 10킬로그램 정도에 이르는 매우 큰 새이다(우리나라 새 중에서 가장 무게가 가벼운 새는 5.5그램의 상모솔새로 알려져 있다). 이 정도 크기로 자라는 데는 5월에서 10월까지 6개월이면 충분한데 그 동안 부모의 보호를 받으며 자라고 다음해 부모의 번식기까지는 가족생활을 한다. 그러니까 불의의 사고가 없다면 한 가족은 네 마리이다. 새끼들은 4, 5년 지나면 번식 가능하다.

이 네 마리 가족생활은 철저하게 부모에 의해서 보호된다. 즉, 가족들이 먹이활동을 할 때에는 부모 중 한 마리가 머리를 곧추 들고 망을 본다. 사람이나 천적들이 접근하면 큰 소리로 위협한다. 부모가 동시에 먹이를 먹는 일은 없다.

결국 부모가 일부일처제를 지키면서 오랜 기간 어린 새를 돌보는 것은 장기적으로 어린 새의 생존율을 높이고 종족 보존을 위한 것이다.

그러면 새들도 이혼할까?

대답은 '그렇다'.

군체로 살아가는 새들, 즉 백로와 가마우지, 제비, 홍학 등에서는 이혼이 존재한다고 한다. 물론 암컷이 결정한다. 짝짓기에서 암컷이 수컷을 선택한 것처럼. 수컷의 나이나 건강, 아니면 우리가 알지 못하는 어떤 이유로.

인간처럼 계산하지 않고, 본능 또는 DNA에 따라 완벽하게 생존하는 새들도 실수를 하는가 보다.

제2부

1. 프랑스: 홍학 되찾기

홍학, 노랑되새, 푸른머리되새, 검은머리흰따오기, 뒷부리장다리물떼새, 장다리물떼새

  "이곳에는 모기가 많습니다. 그러나 7것에 대해 불평하지 않기를 바랍니다. 그 모기 덕분에 여러분은 많은 새를 볼 수 있습니다."

5월의 프랑스.

차에서 내려 입구까지 가는 그 짧은 거리에서 모기들은 마치 한겨울 햇빛에 반짝이며 흩날리는 눈송이처럼 내 몸 주위를 윙윙거리며 맴돌고 있었다. 프랑스에서 모기라니. 사 년을 살았어도 거의 모기를 보지 못했는데, 유난히 모기를 잘 타는 나는 난감할 수밖에 없었다. 혹시나 모기기피제를 파는 곳이 있을까 두리번거리는데 눈에 띈 것이 바로 이 글이었다.

프랑스 지중해 연안에 있는 카마르그 지방자연공원Parc naturel régional de Camargue 에서의 일이다.

이 공원은 프랑스에서 가장 넓은 습지로 자연 보존과 조류 보호 때문에 국제적으로 알려진 곳이다. 1977년 유네스코UNESCO 생물권보전지역으로 지정된 카마르그 공원은 론강 하구 삼각주에 위치해, 지중해 연안과 아를, 생트마리드라메르, 포르생루이뒤론 등에 걸쳐 형성되었다. 그 넓이는 10만 헥타르에 달한다. 크게 보면 이곳은 아프리카와 유럽, 지중해의 교차로로서 매년 이동하는 새 수십 만 마리가 잠시 들러 쉬어가는 곳이다. 유럽에서 보이는 새의 4분의 3을 이곳에서 볼 수 있다고 한다.

이 넓은 지역 중 내가 탐조한 곳은 13,000헥타르의 넓이를 가진 국립 카마르그 자연보호구역의 한 부분이다. 이곳에서는 400종의 새를 볼 수 있는데, 그중 258종 은 '관심대상'으로 분류된 새들이다.

달려드는 모기들을 쫓으면서 입구를 지나자 믿을 수 없는 광경이 눈앞에 펼쳐 졌다. 갈대가 병풍처럼 둘러서 있는 호수에 수백 마리의 홍학이 머리를 물속에 담 그고 느릿느릿 먹이를 찾고 있었던 것이다.

아프리카에나 가야 볼 수 있다고 생각했던 대홍학greater flamingo이었다.

몸체는 대부분 흰색이었고 꼬리깃은 연한 붉은색이었다. 날개를 펴서 그 아래 숨겨져 있던 붉은 깃, 검은 깃을 드러내면서 걷는 모습은 장엄하기까지 했으며, 바람에 깃을 휘날릴 때는 영락없는 한 송이 커다란 꽃이 되었다. 물위에서의 짝짓기는 하얀 꽃 두 송이가 겹쳐 있는 듯한 느낌이었다.

홍학은 이름 그대로 분홍색 깃털이 트레이드 마크라고 할 수 있는데 그 분홍색

홍학

홍학

홍학

은 유전이 아니라 먹이에서 오는 것이다. 즉, 홍학의 먹이인 아르테미아, 게와 새우 등 갑각류에 들어 있는 아스타신이라는 붉은 색소때문에 홍학의 깃털이 빨갛게 변하게 된다. 갓 태어난 홍학의 깃털은 회색이라고 한다.

홍학은 일반적으로 알칼리나 염분이 많은 석호 또는 바다와 인접한 호수에서 서식하며 개펄이나 사구, 수역에 있는 돌 많은 섬에서 새끼를 친다. 홍학은 물을

노랑되새

푸른머리되새

마시거나 목욕을 할 경우를 제외하고는 담수지역에 가지 않는다. 그러니 삼각주에 위치한 카마르그야말로 천혜의 서식지가 될 수 있다.

호수를 따라 길게 이어진 탐조로를 따라 걸으면서 이국적인 새들을 만난다. 여전히 모기들이 따라붙는다.

프랑스 국기인 삼색기와 비슷한 빛깔을 한 노랑되새gold finch와 푸른머리되새chaff finch가 눈에 띈다.

1982년 길을 잃고 어쩌다 제주도에 와서 월동을 한 적이 있다는 검은머리흰따
오기oriental ibis, black-headed ibis 모습에 가슴이 쿵쾅거린다. 느릿느릿 움직이는 게 여유

검은머리흰따오기

뒷부리장다리물떼새

로워 보인다. 한쪽에 사람들이 카메라를 들고 몰려 서 있다. 탐조로에서 20여 미터 떨어진 곳, 사오백 평쯤 되어 보이는 섬에 새들이 분주하다. 인천 송도에서 단 한 번 보았던 뒷부리장다리물떼새가 코앞에서 먹이활동을 하는 것이 마냥 신기하다. 상당히 사람을 꺼려서 멀리 날아가는 모습만 보았는데, 이곳에서는 사람 앞에서 깃까지 다듬고 있다.

장다리물떼새 짝짓기

　새색시 같은 느낌을 주는 장다리물
떼새가 알을 품고 있었는데, 긴 다리
때문인지 땅바닥에 앉아 있는 모습이
힘들고 어색해 보인다. 어떤 녀석들은
사람들 앞에서 짝짓기에 여념이 없다.

　검은머리갈매기도 그 속에서 한 자
리를 차지하고 있다.

　그런데 이 공원의 상징이라고 할
수 있는 홍학이 알을 품는 모습은 볼
수가 없다. 방금 전에 짝짓기하는 모
습도 보았는데.

　머리칼이 은빛으로 빛나는 나이 지
긋한 봉사자에게 그 연유를 물었다.
자원봉사로 소일하는 그에게 동양인
의 질문은 이게 웬 떡이냐 싶었을 것
이다. 시간 보내는 데 대화만큼 좋은
게 없을 테니까. 예상대로 프랑스인답
게 말이 길다. 설명이 아주 길고 상세
해 때로는 그의 말을 놓친다. 이해한
대로 정리하면 대강 다음과 같다.

　홍학들은 이곳에서도 먹이활동을
하고 짝짓기를 하지만 보금자리를 만
들어 새끼를 치는 곳은 10여 킬로미터
떨어진 팡가씨에 염호란다. 그 염호

장다리물떼새 알품기

역시 카마르그 지방자연공원에 속해 있지만 바다에 면한 곳이란다.

1960년대에 홍학은 팡가씨에 염호에서 새끼 치는 것을 포기했었다고 한다. 새끼를 치기에 불가능할 정도로 여건이 악화되었던 것이다. 여우와 멧돼지가 공격하거나 갈매기들이 알을 훼손하고 낚시꾼들까지 빈번히 드나들었다고 한다. 그래서 1964년에서 1968년까지 5년 동안 홍학들은 아예 알을 낳으려고 하지 않았다.

홍학 짝짓기

1969년 홍학들이 1호 팡가씨에 염호에서 알을 낳았지만 섬이 너무 작아서 번식에 실패했다. 이 사실을 확인한 지중해습지보존연구소인 라투르뒤발라는 2호 팡가씨에 염호에 6,200제곱미터 크기의 인공섬을 만들었다. 그렇지만 1974년까지 홍학들은 이 새로운 섬에서 새끼를 치지 않았다. 그러자 1974년 2월 연구소가 500여 개의 인공 둥지를 섬에 설치했는데 이것이 홍학들의 흥미를 끌었는지 마침내 새끼치기를 시작했다.

요즘엔 1만여 쌍의 홍학들이 팡가씨에 염호에서 새끼를 친다고 한다!

'팡가씨에 염호에 가볼까?' 물었더니 그분은 내 카메라를 보더니 가지 말라고 한다. 망원경으로 새끼 치는 풍경을 볼 수는 있겠지만 내가 들고 있는 300밀리 렌즈로는 사진 찍기 힘들 거란다.

새들에게 가까이 접근하는 것이 엄격히 금지되어 있기 때문에.

호기심에 물어보기는 했지만 순순히 포기했다. 원래 새끼 치는 모습은 가능하면 사진 찍지 않기로 했기 때문이다.

모기에 물리며 이러저러한 새들을 보고 돌아 나오면서 슬픈 외연도를 생각했다. 공식적인 조류보호지역은 아니었지만 일본이나 유럽에도 알려진 탐조지역이 그저 단순한 관광지로 전락한 외연도를.

2. 보르네오 1: 꽃 같은 새, 잎새 같은 새

붉은할미새사촌, 팔색조, 파랑새, 홍여새, 멋쟁이새, 블랙앤옐로우브로드빌, 블랙앤레드브로드빌, 붉은피큘렛, 붉은날개딱다구리, 줄무늬딱다구리, 주황색등딱다구리, 푸른귀물총새, 붉은등물총새, 보르네오줄무늬물총새, 붉은꼬리트로곤, 화이트헤드트로곤, 다이아드트로곤, 붉은목덜미트로곤, 검은관팔색조, 구리목태양새, 자주목태양새, 루비뺨태양새, 테민크태양새, 붉은태양새, 푸른목덜미앵무새, 금빛목덜미바벳, 화이트헤드브로드빌, 고깔팔색조, 붉은수염벌잡이새, 마운튼블랙아이, 큰녹색잎새새, 보르네오녹색까치

　　　　　　"이게 꽃이야? 새야?"
"어디에 새가 있어?"
보르네오에 처음 다녀와서 지인들에게 새 사진들을 보여주었을 때 그들이 감탄하며 맨 먼저 한 말이다.

이렇게 빛나는 새도 있을 수 있는 걸까?
탐조가들에게는 세계적으로 알려져 있는 보르네오섬, 세필록에 있는 레인포레스트 디스커버리 센터Rainforest Discovery Center 입구에 들어서자마자 초록 나뭇잎 사이에서 깜장과 빨강이 튀어나온다. 새가 아니라 마치 물에 희석되지 않은 물감 자체가 튜브에서 튀어나온 것 같다. 붉은할미새사촌fiery minivet 수컷이다.

이곳에 오기 전 가이드북을 사서 어떤 새들이 있는지, 어떤 새들을 주요 대상으로 삼을 것인지 살펴보다가 이 새를 그 대상 중 하나로 삼았지만 이렇게 쉽사리 볼 수 있으리라고는 생각하지 못한 터라 어안이 벙벙했다.

처음 보는 새는 언제나 신선하고 놀랍다.

더구나 그 새의 채도가 높으면 높을수록 지루했던 일상은 쉽사리 잠을 깨 자리에서 벌떡 일어난다. 시각만큼 정신을 일깨우는 감각이 있을까? 열대의 이른 아침, 비스듬한 햇빛에 색깔은 조금의 손실도 없이 본색을 드러낸다. 책에서 보았던,

붉은할미새사촌

인쇄물로만 보았던 칙칙한 새와는 전혀 다른 새가 거기 있었다. 점점 이미지가 실체를 대체하고 때로는 이미지와 실체가 구별되지 않는 디지털 시대에 우리가 살고 있더라도 실물은 역시 실물의 가치를 보여준다.

우리나라에도 같은 과의 할미새사촌ashy minivet이 있지만, 같은 과의 새라고 보기에는 색깔이 아예 달랐고 그래서 느낌은 더 비현실적이었다. 단지 두 새의 부리와 몸의 형태가 같은 과일 듯한 느낌을 준다.

역시 열대의 새는 생각했던 것과 많이 달랐다. 우리나라의 새 중에서 다채로운 색깔의 새는 쉽게 그 종을 꼽을 수 있을 정도다. 여름철새인 황금새와 흰눈썹황금새, 팔색조, 파랑새, 그리고 겨울철새인 홍여새와 황여새, 멋쟁이새, 양진이 정도를 들 수 있다.

그런데 그 새들보다 채도가 더 높고 알록달록한 새가 여기 있다.

팔색조   파랑새

홍여새

멋쟁이새

붉은할미새사촌 하나를 보는 순간 아마도 몇 년 동안은 이곳의 수인이 될 것 같은 느낌이 들었다. 같은 지구, 불과 비행기로 다섯 시간 남짓 떨어진 곳에 이런 경이로운 세상이 있다니.

친구 하나가 보르네오에 새를 보러 가자고 했을 때까지 나는 보르네오가 어디에 있는지도 몰랐다. 머리에 떠오르는 것은 보루네오가구뿐이었다. 1970년대 서울 곳곳에 보루네오가구 대리점이 보였고 나도 그 가구를 산 적이 있었기 때문이다. 보르네오에서 목재를 수입해서 가구를 만든 것인지, 아니면 그냥 열대의 섬 이름을 따다 지은 것인지는 지금도 알 수 없다. 단지 그 가구의 평판이 좋았던 것은 기억이 난다.

136

친구의 권유를 듣고 여행을 쉽게 결정한 것은 아니었다. 유난히 물것을 잘 타는 내게 열대우림의 모기나 거머리는 이야기만 들어도 끔찍한 공포의 대상이었기 때문이다. 거제도에서 긴꼬리딱새를 보다 뭔가에 물려 멍게처럼 변해버린 얼굴로 응급실을 찾았던 것은 약과였다. 캄보디아에서 산속을 돌아다니다가 진드기에 물린 것은 더욱 끔찍했다. 귀국해서 피부과에 가니 의사가 서른 군데 넘는 반점마다 주사를 놓았는데, 주사를 맞는 것도 무지 고통스러웠지만 일일이 주사 맞은 곳을 표시해놓지 않아 빠뜨린 곳은 두 달가량이나 가렵고 짓물렀기 때문이다. 그 경험들은 오랫동안 내게 악몽이었다.

그런데 내 생애 첫 번째 열대우림에서의 탐조는 이렇게 감탄으로 시작되었다. 이후 나는 이곳의 수인이 될 것 같았던 첫 예감대로 매년 두세 번씩 그곳을 찾는다.
거기에 악몽은 끼어들 틈이 없다.

보르네오에는 탐조지역이 여러 군데 있지만 내가 즐겨 찾는 곳은 키나발루산과 세필록의 레인포레스트 디스커버리 센터다.
키나발루산은 높이가 4,095미터, 동남아에서 가장 높은 산으로 우리나라 등산객들도 꽤 많이 찾는다. 해발 1,800미터에 있는 팀폰게이트는 등산로 입구이면서 유명한 탐조지역이다. 이곳에서 새를 보고 있노라면 쉽게 한국말이 들린다. 키나발루산에는 330여 종의 고지대 새가 서식하는 것으로 알려져 있는데, 사람들은 계곡과 산등성이를 따라 나 있는 여러 개의 탐방로를 따라 새를 찾아 다닌다.

세필록의 레인포레스트 디스커버리 센터에는 저지대 새 300여 종이 서식하고 있다. 이곳에도 몇 개의 탐방로와 탐조대가 있다. 탐방로에는 딱다구리, 물총새, 팔색조 등의 이름이 붙어 있고, 탐조대에는 태양새, 브리슬헤드bristlehead, 트로곤trogon, 코뿔새, 브로드빌broadbill 등의 새 이름이 붙어 있다. 아마 그 새들이 자주 나타나는 곳이라서 그렇게 이름을 붙인 모양이지만 새들이야 날개 달린 짐승이니 탐조인들은 탐방로와 탐조대를 오가면서 새를 찾는다. 탐방로는 시냇물이나 산등성이를 따라 나 있고, 탐조대는 캐노피라고 불리는, 지상에서 20~30미터 높이로 나무와 나무 사이를 지나는 긴 철교 중간중간에 지어진 탑이다.

1. 꽃 같은 새

레인포레스트 디스커버리 센터에서 볼 수 있는 새들 중에 블랙앤옐로우브로드빌black-and-yellow broadbill은 사람들이 가장 좋아하는 몇 가지 종 가운데 하나다. 일단 개체수가 적지 않고, 나타날 때 꽤 시끄럽게 소리를 내는 까닭에 찾기도 쉽지만, 사람들을 그닥 두려워하지 않아서 가까이 오기도 하고, 또 호기심에 가득 찬 표정이 귀엽게 보이기 때문이다.

블랙앤옐로우브로드빌

블랙앤레드브로드빌

브로드빌 중에는 소리가 곱지는 않지만 홍채가 회청색인 블랙앤레드브로드빌black-and-red broadbill도 보인다.

딱다구리 탐방로에서는 이름 그대로 여러 종의 딱다구리를 볼 수 있다.

우선 지구상에서 가장 작은 딱다구리 중 하나로 아메리카대륙을 제외하면 가장 작은 딱다구리, 길이가 8~10센티미터이고 무게가 9그램인 붉은피큘렛rufous piculet이 있다. 무게가 9그램에 지나지 않는다고 하더라도, 날아다니고 벌레를 잡아먹고 짝을 짓고 새끼도 키우는 완벽한 생명체다. 9그램의 새도 하나의 소우주라는 사실은 생명이 얼마나 신비로운 것인지를 우리에게 분명하게 확인시켜준다.

이곳에서 자주 보는 딱다구리는 붉은날개딱다구리crimson-winged woodpecker, 줄무늬딱다구리banded woodpecker, 주황색등딱다구리orange-backed woodpecker 등이다.

붉은날개딱다구리　　　　　　　　　　줄무늬딱다구리　　　　　　　　　　주황색등딱다구리

　　딱다구리 탐방로를 지나 물총새 탐방로를 따라 걷노라면 3종의 물총새를 볼 수 있다. 우리나라 물총새common kingfisher도 겨울에 보르네오를 찾아오는 겨울 철새라고 도감에 나와 있지만 보르네오의 친구들 중 그것을 보았다는 이는 하나도 없다. 사실 우리나라 물총새는 흔히 보여서 그 아름다움이 간과되기도 하지만, 아마 아름답기로 말하면 지구상에 서식하는 114종 중에서 다섯 손가락 안에 꼽을 수 있을 것이다.

　　이곳에서는 멀리 날아가는 모습만 보면 우리나라 물총새로 혼동될 만큼 비슷한 색깔의 푸른귀물총새blue-eared kingfisher 외에 붉은등물총새rufous-backed kingfisher, 그리고

푸른귀물총새

줄무늬물총새banded kingfisher도 볼 수 있다.

붉은등물총새는 주로 물가에서 작은 물고기나 새우 등을 잡아먹고 사는데, 알록달록한 색깔 때문에 열대우림의 컴컴한 숲에서는 때때로 꽃이라는 착각을 불러일으킨다.

보르네오줄무늬물총새 수컷

보르네오줄무늬물총새 암컷

144

보르네오줄무늬물총새Bornean banded kingfisher는 보르네오의 고유종인데도 쉽게 눈에 띄지 않아 사람들의 속을 태운다. 일이 년에 한 번 나타나서 며칠 동안 얼굴을 보여주고 다시 자취를 감춘다. 내 경우에는 5년 만에, 열두 번째 여행에서 처음 보았다. 암수의 깃 색깔이 확연히 다르다. 암컷은 머리와 등에 갈색과 검정색의 줄무늬가 있고, 수컷은 등에 검정색과 푸른색의 줄무늬가 있는데 머리에 푸른 관이 있어서 흥분하거나 긴장하면 관의 깃털을 세운다. 암컷을 부를 때 내는 소리는 애끊듯 구슬프다.

트로곤trogon은 세계적으로 39종이 있는데 크기가 23~33센티미터에 달하는 큰 새다. 중남미와 중앙아프리카, 그리고 적도에 위치한 아시아 여러 나라에 서식한다. 4,900만 년 전의 화석이 발견될 정도로 오래된 종이다. 트로곤이라는 말은 그리스어로 '갉다'라는 의미인데, 이름

붉은꼬리트로곤

화이트헤드트로곤   다이아드트로곤   붉은목덜미트로곤

그대로 이 새는 죽은 나무를 갉아 구멍을 만들어 그 안에 둥지를 튼다. 열매와 지면의 곤충을 주식으로 하기 때문에 주로 지상에서 1~2미터 높이의 나뭇가지에 앉아 있어 눈높이로 사진 찍기가 수월하다.

보르네오에는 6종이 서식하는데 내가 본 것은 4종이다. 이 중 가장 작으면서 강렬한 색깔을 가진 것은 붉은꼬리트로곤scarlet-rumped trogon이다.

붉은목덜미트로곤red-naped trogon은 부리 모양이 독특해서 원숭이 같은 느낌을 준다. 새치고는 좀 괴물처럼 보인다.

검은관팔색조

팔색조는 구대륙에 40~42종이 서식하는데 눈부신 깃털 때문에 '보석지빠귀'라 불리기도 한다. 꼬리와 목은 짧고 다리는 길어서 땅 위에서 통통 뛰어다닐 때 아주 귀엽다. 그래서 팔색조는 거의 모든 탐조인들의 제1의 대상이 된다.

보르네오에서는 11종의 팔색조를 볼 수 있는데 푸른줄무늬팔색조blue-banded pitta 와 검은관팔색조black-crowned pitta 두 종은 고유종이다. 검은관팔색조는 머리가 검은 색, 배는 선홍색, 날개는 푸른색이어서 매우 매력적이다. 목을 길게 빼서 암컷을 부르는데 그 소리가 상당히 멀리 울려 퍼진다. 그 소리가 나는 곳을 찾아가면 어렵지 않게 볼 수 있다. 문제는 대개 이른 아침이나 해질 무렵 어두운 곳에서 먹이활동을 하기 때문에 사진 찍기가 만만치 않다는 점이다. 더욱 난감한 것은 팔색조의 주된 먹이가 습기 있는 땅에서 사는 거머리이기 때문에 팔색조를 보려면 거머리에 물리는 것을 감내해야 한다. 거머리에 물렸을 때는 소금이나 모기기피제를 뿌려야지 억지로 떼어내면 이빨이 살갗에 박혀 있어서 한참 고생한다.

태양새는 구대륙의 새로서 145종이 있는데 오스트레일리아 북부에 서식하는 한 종(olive backed sunbird)을 제외하고는 모두 아시아와 아프리카에 서식한다. 꿀을 빨아먹고 사는데 아메리카대륙의 벌새hummingbird나 오스트레일리아의 꿀먹이새hoeyeater와 비교된다.

보르네오에는 10종이 있다. 그중에서도 특히 사람들의 관심을 끄는 것은 구리목태양새copper-throated sunbird, 자주목태양새purple-throated sunbird, 루비뺨태양새ruby-cheeked sunbird, 테민크태양새Temminck's sunbird, 붉은태양새crimson sunbird 등 5종이다.

구리목태양새

자주목태양새

루비빰태양새

테민크태양새

2. 깃털 달린 유령들

어떤 면에서는 화려한 색이 일종의 보호색 역할을 하기도 한다.

첫째, 정글의 나뭇잎이나 열매, 꽃의 색깔은 노랑, 분홍, 빨강, 갈색 등 의외로 다채롭다. 그래서 때로는 새들처럼 보인다.

둘째, 높은 나무와 무성한 잎으로 무장한 정글은 우리가 생각하는 것보다도 훨씬 어둡다. 이 어둠 속에서는 빨강이나 자주색, 초록색이나 파란색처럼 명도가 낮은 색깔은 모두 검게 보여 나뭇잎들과 잘 구분이 가지 않는다.

붉은태양새crimson sunbird는 주로 붉은색의 꽃에서 꿀을 빨며 살아간다. 빨강색을 보호색으로 삼아 자신을 은폐하는 것이다. 히비스커스 꽃 속으로 들어가면 새는 꽃과 일체가 된다.

붉은태양새

히비스커스 꽃 속 붉은태양새

보르네오에는 열대우림답게 초록색의 새들이 많다. 새들은 나뭇잎과 같은 초록색으로 자신의 윤곽을 없애고 주위에 녹아들어 섞이면서 일종의 깃털 달린 유령이 된다.

푸른목덜미앵무새blue-naped parakeet, 금빛목덜미바벳golden-naped barbet, 화이트헤드브로드빌Whitehead's broadbill, 고깔팔색조hooded pitta, 붉은수염벌잡이새red-bearded beeeater, 등이 대표적이다.

푸른목덜미앵무새

금빛목덜미바벳

화이트헤드브로드빌

고깔팔색조

마운튼블랙아이

앞의 새들이 초록색이라고 하더라도 대개 굵은 나뭇가지에 앉거나 약간 개방된 곳에서 활동하기 때문에 다음의 새들에 비해 보기 수월한 편이다.

큰녹색잎새새greater green leafbird, 마운튼블랙아이mountain balckeye, 녹색아이오라green iora, 보르네오녹색까치Bornean green magpie는 개방된 나뭇가지에 앉는 일이 거의 없이 나뭇잎 사이에 앉아 먹이활동을 하기 때문에 사진을 찍어놓고도 새가 어디 있는지 찾기가 어려울 정도다.

큰녹색잎새새 암컷

156

인간사회로 눈을 돌리면 생각은 복잡해진다.

이건 보호색일까? 위장색일까? 화합일까? 숨겨진 배신일까?

보르네오녹색까치

3. 보르네오 2: 모성

문조, 오리엔탈파이드혼빌, 화이트크라운드혼빌, 라이노세러스혼빌, 부시크레스티드혼빌,
아시안블랙혼빌, 화이트헤드트로곤, 화이트헤드브로드빌

"여기 어디에서 자바스패로우Java sparrow를 볼 수 있을까요?"
망원렌즈를 장착한 카메라를 들고 오는 사람에게 물었다.

"글쎄요, 요 이삼 년 동안 그 새를 본 적이 없는데요."

"탐조 전문 웹사이트에서 확인했는데 여기서 볼 수
있다고 하던데요?"

"아마 몇 년 전에 쓴 리포트인 모양인데, 잔나무들을
모두 잘라버려서 요즘에는 보이지 않아요. 저 입구를 지
나가면 다른 새들은 볼 수 있습니다."

"여기에 리조트를 건설한다고 나무들을 다 베어버렸
어요."

화가 난다는 듯 그가 한 마디 덧붙인다.

어디 가나 새들은 인간에 의해 쫓겨 나간다.

자연은 문명 앞에서 너무 무력하다.

우리나라 여행사들이 세계에서 가장 석양이 아름다
운 해변 중 하나라고 말하는 보르네오 코타키나발루의
탄중아루 해변에 있는 프린스 필립 공원에서의 일이다.

보르네오에는 두 번째 탐조여행이다.

자바스패로우는 우리나라에서 문조文鳥라고 하는데 머리는 검고 뺨은 희며 등과 가슴은 회색, 배는 분홍색이다. 꼬리는 검은색, 부리는 붉은색, 다리는 살색이어서 상당히 아름답고 귀여운 느낌을 준다. 원래 자바섬, 수마트라, 발리 등지에 분포하였는데, 동남아시아의 여러 지역과 오스트레일리아에도 도입되었다. 주로 벼를 먹기 때문에 농작물에 피해를 주는 새로 취급되어 사냥으로 그 수가 상당히 줄어들었다. 현재는 멸종위기 취약종으로 등록되어 있다. 유럽 등지에서는 애완동물로도 사육된다. 여러 마리가 군집생활을 즐긴다. 학명 *Lonchura oryzivora* 또는 *Padda oryzivora*는 '논의 곡식을 먹는 새'라는 의미다.

문조

주요 탐조지인 키나발루산으로 가는 것을 미루고 코타키나발루에서 하루 더 묵는 것도 오직 이 새를 보기 위한 것인데 정말 낙담할 수밖에.

입구를 지나가니 두 사람이 나무 아래에서 사진을 찍고 있다. 방해를 하지 않으려고 가볍게 목례만 하고 지나치려 하는데, 그중 나이가 더 들어 보이는 이가 나를 불러 세운다.

"여기 새가 있으니 이쪽에서 찍으세요."

꽃과 꽃 사이에서 부지런히 움직이고 있는 새를 살펴보니 올리브색등태양새olive-backed sunbird다. 이미 캄보디아에서 만족스러운 사진을 찍은 적도 있는데다가 그곳에서는 나뭇가지와 잎에 가려서 사진 찍기가 쉽지 않았지만 그 사람들의 호의를 배반하지 않기 위해 열심히 찍었다. 물론 좋은 사진을 건지지는 못했다.

나이 든 이가 저쪽에 가면 코뿔새hornbill 둥지를 볼 수 있다고 말한다. 코뿔새는 투구 모양의 뿔 때문에 흥미를 끄는 새다.

보르네오 첫 탐조 때 코뿔새 3종, 라이노세러스혼빌rhinocerous hornbill, 링클드혼빌wrinkled hornbill, 오리엔탈파이드혼빌oriental-pied hornbill을 보았지만 키나바탕안강에서 배를 타고 멀리 나무 꼭대기에 앉아 있거나 날아가는 모습만 보았을 뿐 가까이에서 본 적은 없었다.

오 분쯤 걸었을까, 그가 고목나무 하나를 가리키며 그곳에 둥지가 있단다. 아무리 둘러보아도 60센티미터가 넘는 그 큰 새가 드나들 구멍이 보이지 않는다.

"어디에 둥지가 있나요?"

"저기 있는데 잘 보이지 않을 겁니다. 둥지 입구가 작아서."

"코뿔새의 사랑에 대해 이야기해줄까요?"

나이 든 분, 사이몬이 신나서 말한다.

그에 의하면 코뿔새는 일반적으로 일부일처제로 살아간단다. 짝을 이루면 암컷과 수컷은 자연적인 구멍 또는 바벳이나 딱다구리가 사용했던 나무 구멍을 찾아서 둥지로 삼는다. 일반적으로 새들이 나뭇가지, 풀이나 거미줄 또는 다른 새의 깃털 등으로 보금자리를 만드는 데 비해 코뿔새는 암컷이 자신의 깃털을 뽑아 구멍 안에 알 낳을 자리를 만든다. 그리고 새끼들을 키우는 동안 그 구멍 안에서 털갈이를 한다. 한편 암컷이 알을 낳기 시작하면 수컷은 암컷에게 먹이를 전해줄 수 있는 정도의 크기만 남기고 진흙이나 배설물을 이용해 구멍을 메워버린다. 구멍을 작게 만드는 이유는 다른 새들이 둥지에 침입하는 것을 막기 위함이라고 한다. 이 점은 우리나라에서 볼 수 있는 동고비의 행태와 같다.

동고비도 청딱다구리나 오색딱다구리가 사용한 둥지를 재사용하는데, 진흙을 물어다 자신만 겨우 들어갈 정도로 구멍을 막는다. 물론 코뿔새처럼 그 안에 감금되는 것은 아니다.

코뿔새 수컷은 그 작은 구멍을 통해 암컷에게 먹이를 공급하고 암컷은 오직 그 안에서 새끼를 양육한다. 부화한 지 두세 달 후에야 새끼들이 이소를 한단다. 보통 작은 새들이 이삼 주 정도 지나면 이소를 하는데, 아마 덩치가 큰 새라서 오래 걸리는 모양이다. 그러니까 코뿔새는 결국 두세 달 동안 밖에 나오지 못하고 감금생활을 해야 하는 것이다.

"그런데 코뿔새가 자신의 깃털을 뽑아 보금자리를 만드는 것도 놀라운 일이지만 더 놀라운 것은 암컷이 새끼를 키우다 그 안에서 죽을 수도 있다는 것입니다."

내 영어가 짧으니 잘못 들었나 해서 되물었다.

"그 안에서 죽을 수 있다는 게 정말인가요?"

그의 말에 따르면 수컷이 변을 당해 오지 못하면 수컷을 기다리던 암컷은 새끼들과 함께 구멍 안에서 굶어 죽는다는 것이다.

참으로 감동적인 이야기였다. 자신의 깃털을 뽑아 보금자리를 만든다는 이야기나 새끼를 기르다가 죽는다는 이야기나.

둥지 입구가 작다는 말에
이리저리 나무를 다시 살펴
보니 갈라진 틈 같은 것이
보인다. 사진을 찍어 사이몬
에게 물어보니 둥지가 맞다
고 한다.

이제나저제나 코뿔새가
오기를 기다리는데 휘익휘
익 하는 날갯짓 소리, 좀 두
려울 정도로 큰 날갯짓 소리
와 함께 코뿔새 하나가 날아
와 딱다구리처럼 나무줄기
에 달라붙는다. 오리엔탈파
이드혼빌이다. 부리에는 조
그만 과일을 물고 있다. 나
무의 틈이 작아서인지, 아니
면 새끼를 처음 키우는 어린
성조여서 그런지 과일을 몇
차례 구멍으로 넣다가 땅바
닥으로 떨어뜨린다. 그리고

오리엔탈파이드혼빌

는 이십여 분 지났을까? 이번에는 좀 더 작은 과일을 물고 왔다. 그리고 암컷에게
성공적으로 전해주고 자리를 뜬다.

작고 다채로운 색깔을 가진 새를 좋아하는 내게 모양만으로 본다면 코뿔새는

그리 매력적인 새는 아니지만 그러한 이야기 덕분에 관심을 가졌고, 후에 애를 써서 보르네오에 서식하는 8종 모두 보게 되었다.

동물들의 새끼에 대한 사랑 이야기는 〈TV 동물농장〉같은 프로그램에서 흔히 볼 수 있다. 새끼를 빼앗기지 않으려고 집에서 먼 곳으로 물어다 숨기는 개 이야기, 이 집 저 집에서 동냥해 새끼를 먹이는 고양이 이야기 등등.

짐승만도 못한 인간이 더 많지는 않으리라 믿는다.

화이트크라운드혼빌

라이노세러스혼빌

부시크레스티드혼빌

아시안블랙혼빌

화이트헤드트로곤 암컷

그로부터 4년 후 키나발루 국립공원에서의 이야기.

보르네오, 특히 키나발루산에 탐조하러 오는 사람들의 가장 큰 로망은 아마 화이트헤드Whitehead라는 이름이 붙은 새 3종을 보는 일일 것이다. 화이트헤드트로곤, 화이트헤드브로드빌, 화이트헤드거미잡이새가 바로 그것이다. 화이트헤드라고 해서 처음에는 머리가 하얀 새들인 줄 알았다. 무식의 소치! 나중에 알고보니 이 새들의 이름은 19세기 후반 보르네오와 동남아시아에서 자연사를 연구한 영국의 과학자 존 화이트헤드의 이름을 빌려 명명된 것이다.

이 3종의 새는 원래 드물어 키나발루산에 몇 번이나 가서 뒤졌지만 볼 수 없었는데 일곱 번째 탐조에서 드디어 화이트헤드트로곤 암컷을, 그것도 옆모습을 단 한 장 찍을 수 있었다(수컷은 그로부터 일 년 후인 2019년에 보았다).

암컷 성조를 보았으니 근처에 수컷이 있을 터였다. 전날 내린 비로 진흙탕이 된 탐방로를 따라가는데 탄중아루에서 만나 친구가 된 헨리가 손짓을 하며 무엇인가를 가리킨다.

트로곤?

그러나 트로곤의 붉은색이 눈에 띄지 않는다.

두리번거리는데 그가 말한다.

"화이트헤드브로드빌!"

본다면 두 번째다.

그가 가리키는 곳, 그가 가르쳐주는 곳을 아무리 살펴보아도 브로드빌은 보이지 않는다. 몸체가 초록색이니 초록색 나뭇잎들 속에 녹아 들어간 듯하다. 민망하게도 여러 번 물어보니 그가 광각으로 사진을 찍어 위치를 알려준다. 길가에서 10미터도 채 떨어지지 않은 곳이어서 내가 찾지 못한 모양이다.

새는 이미 보이지 않고 이끼로 만든 둥지만 겨우 보인다. 둥지 안에 초점을 맞추어 찍은 사진들을 살펴보니 깃털도 나지 않은 새끼 두 마리가 보이는데 움직임이 없다.

"움직이질 않는데?"

"버려진 거 아닐까?"

새 둥지를 찍는 것은 매우 위험한 일이다.

어미가 새끼에게 먹이를 주는 장면은 사진으로 보면 그렇게 아름다운 장면도 없다. 가슴을 드러내 갓난아이에게 젖 물리는 장면만큼 귀하고 아름답다. 그래서 적지 않은 사람들이 둥지 사진, 새끼에게 먹이 주는 사진을 찍기 원한다.

그러나 새들은 둥지가 들켰다고 느끼면 그곳을 떠난다. 어떤 새들은 미리 둥지를 여러 개 만들어 천적 또는 인간을 속인다. 그래도 둥지가 알려지면 자신이 위험에 처하게 되므로 알이 있어도 때로는 새끼까지 버리고 달아난다.

키나발루산은 세계 각지에서 사람들이 새를 보러 온다. 별의별 사람이 다 있을 것이다. 어떤 이들은 둥지를 발견하면 하루 종일, 며칠을 그 앞에 진을 치고 있기도 한다.

어쩌면 이 둥지도 그런 이들 때문에 버려졌을지도 모르겠다.

확인하기 위해 다시 사진을 찍어 살펴보니 새끼 위치가 바뀌어 있다.

와, 다행이다.

열대우림의 날씨답게 갑자기 소나기가 내리기 시작해서 철수하려는데 머리 위로 브로드빌이 지나간다. 부리에는 먹이가 없다. 새끼를 키우는 새가 먹이 없이 둥지로 가는 일은 거의 없다. 둥지를 살펴보니 암컷이다. 그리고 그 암컷은 서 있는

온몸이 젖은 화이트헤드브로드빌

자세로 둥지 입구를 막고 있다. 순식간에 거센 비에 젖은 어미새는 몰골이 말이 아니다. 물에 젖은 새의 모습이라니!

　대부분의 새들은 멱을 감거나 비에 깃털이 젖으면 물을 털어내어 체온을 유지하려고 한다. 그런데 이 어미는 둥지 안으로 빗물이 들어가지 않도록, 새끼들을 보호하기 위해 온몸으로 비를 맞고 있는 것이다. 더구나 여기는 해발 1,700미터. 비를 맞지 않아도 낮에 한기가 느껴지는 곳이다.

"저렇게 젖어 있어도 살 수 있을까?"

우리도 서둘러 길을 재촉했다.

서울에 돌아와 코뿔새의 다른 이야기를 확인했다.

만약 새끼를 돌보던 중 수컷이 죽으면 다른 수컷이 나타나 암컷의 양육을 돕는다는 것이다.

어느 이야기가 맞는지는 잘 모르겠다.

수컷이 죽으면 암컷과 그 새끼들이 둥지 안에서 죽는다는 이야기는 헛된 이야기로 하나의 전설일 수도 있다.

그러나 전설이나 신화는 인간의 변하지 않는 본성과 행태, 영원한 바람이 녹아들어 있어 오늘날까지 전해지는 이야기다.

모성의 위대한 희생이 코뿔새 이야기로 전해지는 것이다.

4. 이리안자야: 문명의 뒤쪽에서

열두꼬리극락조, 붉은극락조, 윌슨극락조, 웨스턴파로티아, 매그니피센트극락조

갑자기 한 줄기 하얀 빛이 우리 앞에 나타났다,
칠흑 같은 어둠 속에서.
전조등에 비친 도로의 중앙선이 하얗게 일어섰다.
그 선은 문명의 표상이었다.
아아, 드디어 내가 문명의 세계로 돌아왔다.

이리안자야Irian Jaya(인도네시아 동부의 뉴기니섬 서부)의 와이게오Waigeo섬과 아르팍Arfak산에서 보름을 지낸 후 마노쿠아리로 돌아올 때의 일이다.

1. 윌슨극락조와 피트 몬드리안

이리안자야에 가게 된 것은 우연히 윌슨극락조Wilson's bird of paradise를 보고나서였다. 이 새를 보았을 때 맨 처음 머리에 떠오른 것은 피트 몬드리안의 작품이었다. 그가 작품 〈빨강, 노랑, 파랑의 구성〉을 평면이 아니라 입체에 그렸다면 이렇게 그렸을 거라는 생각이 들었다. 어쩌면 그가 그 작품을 만들기 전에 이 새를 보았던 것은 아닌가 하는 엉뚱한 생각도 했다. 내가 몬드리안을 특별히 좋아하거나 잘 아는 것도 아니다. 오히려 고등학생 시절 미술 시간에 이 작품을 보았을 때 '뭐 이런 것도 그림인가'라는 생각을 했을 정도였다.

윌슨극락조를 보고싶다는 희망으로, 요즘 말로 '꽂혀' 이리안자야의 새들을 알아보니 몇 종의 극락조가 더 있었고 꼭 그곳에 가야겠다는 열망은 더욱 커져갔다.

2. 이리안자야를 향해 - 짐 47킬로그램

여기저기 탐조여행사를 알아보던 중 한 여행사에서 연락이 왔다. 사람들을 모으는 중이니 여섯 명이 다 차면 여행이 가능하다는 것이었다. 두 달 후 드디어 팀이 꾸려졌고, 여행은 석 달 후에 시작되었다. 여행 경비를 보낸 다음 받아본 준비물 목록과 주의사항에 나는 아연실색할 수밖에 없었다.

15일간의 여행 일정 중 일주일은 와이게오섬에서 야영을 하고, 일주일은 해발 1,800미터 아르팍산의 게스트하우스에서 지낸다. 섬에서는 강가에서 야영을 하니 모기장, 에어매트리스, 여름용 침낭을 가져오고, 아르팍산은 고지대이니 겨울용 침낭과 따뜻한 옷을 가져올 것. 세탁은 불가능하니 15벌의 옷을 가져올 것. 산과 습지, 강가에서 탐조하니 등산화, 장화, 아쿠아슈즈가 필요함. 배터리 충전은 아르팍산으로 이동 중 하루 묵는 호텔에서만 가능하니 배터리를 충분히 가져올 것. 습도가 거의 100퍼센트에 가까워 카메라가 고장 나기 쉬우니 여분의 카메라와 실리카겔, 방수백을 가져올 것. 말라리아 예방약을 출발 이틀 전부터 복용할 것. 진드기가 많으니 덥더라도 두꺼운 옷을 준비하고 모기기피제와 진드기기피제, 스테로이드제가 들어간 피부연고를 충분히 가져올 것. 짐은 하드케이스 가방이 아닌 더플백에 넣어 올 것 등등.

짐을 모두 달아보니 47킬로그램. 더플백은 끌고, 배낭 두 개 앞뒤로 메고, 테니스 가방 하나 들고 에어매트리스는 배낭에 묶고. 가루다 항공 직원이 짐을 보고 놀란다. 새 보러 간다고 했더니 고개를 갸우뚱하다가 고맙게도 통과.

3. 와이게오섬에서의 야영 - 위자야가 뱀에 물리다

인천에서 출발해 자카르타, 술라웨시섬의 마나도Manado를 거쳐 이리안자야의

열두꼬리극락조

소롱Sorong에 도착하는 데 꼬박 하루가 걸렸다. 짐을 차에 실은 채 공항에서 곧바로 소롱의 저지대로 향했다. 이틀 전 미리 도착한 사람들이 반겨준다. 가이드인 벨기에인 이웨인과 그의 부인인 인도네시아인 위자야, 인도인 사부, 독일인 하이코, 마틴, 레나타, 그리고 호주인 토니. 간단히 인사를 나누고 새를 찾는다. 열두꼬리극락조twelve wired bird of paradise를 안타깝게도 먼 발치에서 보았다. 내 열망에 비해 첫 대접이 시원치 않다. 이런 탐조가 계속된다면 어쩌지 하는 불안감이 엄습해온다.

다음 날 스피드 보트로 두 시간 걸려 와이게오섬에 도착, 아쿠아슈즈로 갈아 신고 오로비아이강을 따라 1킬로미터 정도 걸어가니 넓은 공터가 나온다. 함께 온 네 명의 일꾼이 우리의 짐을 메고, 이고, 들고, 옮긴다. 하드케이스 가방이 아니라 더플백을 가져오라고 한 이유가 거기 있다. 그들이 땅바닥을 평평하게 고르고, 중간중간 기둥들을 세워 대형 천막으로 지붕을 만든다. 우리는 각자 가져온 에어매트리스를 깔고 모기장을 친다.

적도 부근에서는 아침 여섯 시에 해가 뜨고 저녁 여섯 시에 해가 진다. 날이 어둑해지자 플래시라이트를 매달고 서둘러 저녁을 먹는다. 음식은 모두 통조림이다. 강물을 정수한 물을 각자 가져온 물병에 배급을 받는다. 커피를 마시고 소등. 칠흑 같은 밤. 모기장 안에 눕는다. 내일 아침 해 뜰 때까지 열 시간가량을 꼼짝 못하고 누워 있어야 한다니 가슴이 답답해진다. 땀 때문에 트래블시트가 살갗에 자꾸 들러붙는다. 어서 잠이 들기만 기다린다. 그럴수록 정신은 말똥말똥하다. 뒤척이는 소리만 들릴 뿐 아무도 말이 없다.

갑자기 웅성거리는 소리가 나며 텐트 주위가 환해진다. 깜빡 잠이 들었던 모양이다. 자리에서 일어나니 인도인 사부가 말한다. 위자야가 뱀에 물렸으니 아무도 모기장 밖으로 나오지 말라고. 이웨인이 위성전화로 전화를 걸지만 연결이 제대로 되지 않는 모양이다. 말을 하는가 싶더니 곧 말이 끊긴다. 우리는 그저 모기장 안에서 앉아 있을 수밖에. 이웨인이 짐꾼 아폴로와 루돌포를 데리고 어디론가 간다. 이제나저제나 그를 기다리는데 두 시간가량 지난 후 돌아온다. 인근 산꼭대기에 올라가서야 통화에 성공했단다. 경찰 순시선이 오기로 했다며 위자야를 업고 강가로 간다. 위자야에 대한 걱정과 뱀에 대한 두려움으로 모두들 밤새 뒤척인다.

다음 날 아침 이웨인과 위자야가 없으니 우리는 새를 보러 갈 수가 없다. 위자야를 물었다던 초록색 뱀이 가끔 텐트 주변에서 보인다. 그런데 예쁘게 생겼다. 오후 두 시쯤 이웨인과 위자야가 돌아온다. 웃는 얼굴이다. 해독제가 잘 들어 다행이지만 하루쯤 지날 때까지는 두고 보아야 한단다.

4. 붉은극락조를 보다

다음 날 아침 붉은극락조red bird of paradise를 보러 가는 길. 습지를 지나가니 장화를 신으란다. 독일인 마틴이 장화를 신으려다 깜짝 놀란다. 급히 발을 빼고 장화를 거꾸로 들어서 터니 조그만 전갈 하나가 툭 떨어진다. 이웨인이 어제 경황이 없어 주의를 주지 못해 미안하다며, 장화는 언제나 나뭇가지에 거꾸로 걸어놓고 가방은 지퍼를 채우란다. 전갈이나 뱀이 들어간다고. 그러고 보니 짐꾼들 텐트 주변에는 장화가 모두 나뭇가지에 거꾸로 걸려 있다.

습지를 지나갈 때는 몰랐는데 장화를 신고 잔돌이 깔려 있는 급경사를 걸어 올라가는 것은 쉬운 일이 아니다. 발은 제멋대로 장화 안에서 놀고 잔돌 때문에 발목이 좌우로 삐끗, 발목을 삐기 십상이다. 그렇게 두 시간가량 급경사길을 올라가니 붉은극락조 수컷이 암컷을 유혹하기 위해서 디스플레이하는 곳에 도착한다. 서너 평쯤 될까 평평한 공간이 보이고 주위는 삼면이 깎아지른 벼랑이다. 극락조가 요란한 소리로 암컷을 부르며 머리 바로 위쪽, 나무 꼭대기에서 춤추듯 날갯짓을 하

붉은극락조

지만 아무도 사진 찍을 엄두를 내지 못한다. 아차 실수하면 벼랑에서 떨어질 것 같아서다. 결국 한 사람이 카메라를 들면 옆에서 두 명이 잡아주기로 한다. 사진이 제대로 찍힐 리 없다.

5. 윌슨극락조

다음 날 아침 윌슨극락조를 보러 가는 길. 토니가 바지를 걷어 올린다. 맨살이 보이지 않을 정도로 양쪽 다리가 붉은 반점 투성이다. 징그럽다. 유일한 여자인 레나타가 못 보겠다는 듯 눈을 돌린다. 전날 붉은극락조를 보고 내려오다 숲속에서 점심으로 샌드위치를 먹을 때 토니가 쓰러진 나무 등걸에 이삼 분 정도 앉았는데 그때 진드기에 물린 모양이다. 이웨인이 말한 주의사항 중 하나가 쓰러져 썩은 나무에 앉지 말라는 것이었다. 진드기가 거기에 알을 낳아 새끼를 치기 때문이란다. 그가 케첩 같은 약을 바른다. 홍콩에서 샀는데 벌레 물린 데 특효약이라고 해서 샀단다. 내게 건네주며 읽어보란다. 한자로 설명이 쓰여 있어 대강 읽어보니 물파스 같은 것이다. 모두 바짓단을 양말 속에 넣고 진드기기피제를 뿌리고 셔츠 역시 바지 속에 넣고 허리 주위에 다시 기피제를 뿌린다. 그렇게 주의를 했어도 그날 저녁부터 우리는 다리, 특히 허리춤을 긁으면서 항히스타민제를 복용해야 했다.

경사가 오륙십 도 정도는 되는가 보다. 10킬로그램이 넘는 카메라와 삼각대를 메고 계단 오르듯 한 걸음 한 걸음 옮길 때마다 숨이 턱밑까지 차오른다.

드디어 윌슨극락조가 나타난다는 은신처에 도착. 바나나나무와 코코넛나무 잎으로 엮어 만든 가림막 뒤로 들어가니 직경이 한 뼘이나 될까 하는 구멍들이 나 있다. 절대로 렌즈가 구멍 밖으로 나가서는 안 된단다. 옆에서 셔터 소리가 연속적으로 들리더니 곧 잠잠하다.

사부가 묻는다.

월슨극락조

"왔나?"

토니가 대답한다.

"가버렸다."

작은 구멍을 통해 앵글이 좁은 망원렌즈로 밖을 보니 새가 자기 앞에 오지 않으면 사진을 찍을 방법이 없다. 우리는 보지도 못한 채 그것으로 그날 극락조를 보는 것은 끝. 나머지 다섯 명은 시무룩해진다.

다음 날 우리는 가림막 뒤로 두 명만 들어가기로 계획을 바꾼다. 한 사람이 구멍 세 개를 사용하면 밖을 살피기 용이하므로.

레나타와 숨을 죽이고 기다리는데 무엇인가 위쪽에서 뚝 떨어진다. 순간적으로 저게 뭐지 했다. 새라는 생각이 들지 않는다. 월슨극락조다.

사진보다 훨씬 금속성이 강한 색깔이다. 빨강, 노랑, 파랑색만 있는 게 아니라

윌슨극락조

움직일 때마다 자줏빛도 보이고 초록빛도 보인다.

꼬리는 동그랗게 말려 있는데 용수철처럼 탄력이 느껴진다. 바닥에 여기저기 떨어져 있는 낙엽을 물어다가 버리고 부리로 새 잎을 따서 깐다.

그리고는 암컷을 부르는데 입 안쪽이 노란 형광색으로 빛난다.

낙엽을 버리고, 나뭇가지를 타고 올라가고, 부산하게 움직여서 제대로 사진을 찍을 수가 없다.

암컷이 나타나지 않자 수컷도 가버리고 우리 일정도 거기서 끝.

6. 아르팍산으로-한국 사람들 활 잘 쏘지?

며칠 후 다음 탐조지인 아르팍산에 가기 위해 와이게오섬에서 나와 소롱에 도착.

천국이 지상에 있다면 우리가 묵는 호텔이 바로 천국이다. 일주일 만에 드디어

샤워를 한다. 그 섬에서는 물벼룩이 있다고 해서 강물로 고양이 세수만 했다. 변기에 앉아 일을 보며 행복해한다. 그곳에서는 가림막 뒤에서 일을 보았다. 바지를 내리는 순간, 기피제를 머리 위로 수도 없이 뿌리면서. 면도를 하고 나니 딴 사람이 거울 속에 보인다.

식당에 내려가니 급속 세탁이 가능하단다.

모두들 일주일 만에 첫 맥주를 마신다. 첫 모금이 목구멍을 넘어갈 때의 맥주 맛이라니. 고운 맥주 거품처럼 행복이 코에, 볼에, 얼굴에 묻는다.

앞으로의 일주일치 맥주를 더 마신다. 아르팍산이 속해 있는 지역에서는 법적으로 술을 팔 수도 마실 수도 없단다. 술에 취하면 난폭해지고 살인 강간이 빈번하게 일어나서란다.

섬에서의 일들이 불과 몇 시간 만에 아득한 옛날 같다.

마노쿠아리 공항에서 아르팍산에 있는 게스트하우스까지는 여섯 시간 정도 걸렸다. 거리는 100킬로미터에 불과했지만 도시를 벗어나자 곧 비포장도로였고, 대부분의 길은 산의 사면에 구불구불 나 있는데다 때아닌 폭우로 패이고 끊겨 때로는 모두 내려서 차를 밀어야 했기 때문이다. 사면은 거의 절벽이나 다름없어 이리저리 미끄러지며 흔들리는 차 안에서 차마 그쪽을 볼 수 없었다.

세 명이 지내기로 한 방에 들어가 겨울용 침낭을 깔고 그 위에 다시 모기장을 친다. 겨울용 침낭에 웬 모기장? 모기는 없지만 날벌레들이 많단다. 방이 캄캄하다. 출입문 옆에만 조그만 창이 있을 뿐 방에 창문이 없다. 벽에 있는 전등 스위치를 눌러도 불이 들어오질 않는다. 여기저기 살펴보아도 전등이 보이지 않는다.

식사를 하러 부엌으로 가니 이웨인이 활과 화살을 내게 건넨다.

"활 쏠 줄 알지? 한국 사람들이 올림픽에서 금메달 다 가져가던데."

"그건 맞는데 나는 쏘아본 적이 없어."

"그래도 쏘는 건 많이 보았지?"

그런데 활이 내 키만큼이나 크고 화살이란 것은 창에 가깝다. 이게 창이야 화살이야 물으니 가까이에서 쓰면 창이고 멀리 쏘게 되면 화살이란다. 무게도 상당히 무겁다. 화살로는 쓸 수 있을 것 같지 않다.

"짐승이 많나?"

"아니, 사람이 집 안으로 들어오려고 하면 쏴!"

"사람을 쏘라고?"

놀란 내 언성이 높았나 보다. 모두들 놀라서 우리 둘을 바라본다. 영어보다 불어가 훨씬 편한 나는 이웨인과 이야기할 때 불어를 써서 다른 사람들은 우리가 무슨 이야기를 하는지 몰랐기 때문이다. 방에 창문이 없는 이유가 가끔 원주민들이 침입하려고 하기 때문이란다. 술에 취하면 난폭해져 통제할

이리안자야 전용 활과 화살

수도 없고, 첩첩산중이니 당연히 경찰력은 전혀 미치지 못하고.

그리고 이웨인의 주의사항이 이어진다. 항상 원주민 경호원 뒤를 따라다닐 것, 그가 찍으라고 하는 새 이외의 새는 찍지 말 것. 남의 땅에 있는 새를 찍으면 돈을 요구한단다. 자기 밭에 앉았으니 자기 새라고. 그것도 터무니없이. 몇 년 전 독일인 하나가 도로변에 있는 밭에서 사진을 찍었는데 천 달러를 요구해서 사백 달러로 겨우 합의했다고.

7. 웨스턴파로티아 – 발레리나의 춤을 보다

다음 날 아침, 두꺼운 플리스를 입고 거위털 침낭 속에서 잤어도 습기와 냉기로 몸이 찌뿌듯하다.

두 팀으로 나누어 한 팀은 매그니피센트극락조magnificent bird of paradise를 보러 가고, 나는 다른 극락조인 웨스턴파로티아western parotia를 보러 가기로 한다. 원주민 경호원이 정글도를 들고 일행의 앞뒤에 선다. 게스트하우스를 나서자마자 곧바로 경사진 길에 접어든다. 머리에 헤드랜턴을 달았지만 경사가 급하다보니 2~3미터 앞을 보기도 힘들고 발을 딛을 곳을 찾기도 어렵다. 삼각대를 지팡이 삼아 걷는다. 10분도 지나지 않아 가슴이 뻐개지는 것 같다. 해발 1,800미터라서 그렇다고 이웨인이 말한다.

그렇게 수십 미터 걷고 쉬다가 길을 재촉해서 두 시간 만에 가림막에 도착한다. 대여섯 평쯤 되는 평지에는 나뭇잎 몇 개만 있을 뿐 비로 쓴 듯 깨끗하다. 여섯 시, 해가 뜰 시간인

웨스턴파로티아

데도 울창한 나무 때문에 여전히 어둡다.

이윽고 시끄러운 소리가 난다. 암컷을 부르는 소리란다. 까만 새 한 마리가 나뭇가지에 내려앉는다. 모두들 숨죽이고 있다. 춤을 추기 전까지는 절대 셔터 소리를 내지 말 것. 새는 이 나무 저 나무 가지를 왔다 갔다 할 뿐 도무지 땅바닥에 내려앉지를 않는다. 저러다 날아가버리면 어쩌지 하는 조바심. 드디어 땅바닥에 내려앉는다. 그리고는 떨어진 잎들을 물어다 버린다. 청소를 하는 모양이다. 드디어 춤을 추기 시작한다. 유튜브에서 보았던 바로 그 발레리나의 춤이다.

수컷은 검은색 날개를 들어올린다. 꼭 무릎까지 내려오는 치마를 입은 듯하다. 머리를 들어올리니 가슴깃은 때로는 금색으로, 그런가 하면 갑자기 초록색으로 변한다. 정수리에서는 은빛의 삼각형이 빛난다. 머리를 좌우로 흔드니 눈 뒤쪽에 달린 여섯 개의 안테나가 춤을 춘다.

세상에 이런 귀여운 춤이 없다. 마치 다섯 살쯤 된 손녀가 할아버지 앞에서 재롱을 부리는 듯하다.

절대 소리를 내면 안 된다는 가이드의 명령에 따라 긴장한데다가, 지나치게 흥분한 나머지 사진을 찍은 다음 확인해보니 쓸 만한 사진이 한 장도 없다. 동틀 무렵이라 빛이 나쁠 거라 생각해서 감도를 ISO 25,600 놓았는데도 셔터속도가 30분의 1초, 빨라 봐야 80분의 1초 정도였으니 모든 사진이 노이즈에 블러!

모두들 한숨을 쉬면서도 새를 보았다는 행복감에 얼굴이 환히 빛난다.

눈으로 보는 것보다 기억으로 보는 게 더 선명하며 오래 간다고 자위하면서.

급경사는 올라갈 때보다 내려올 때가 더 위험하다. 서서 내려오다가는 구르기 십상이어서 땅바닥에 엉덩이를 대고 뭉개며 내려온다. 게스트하우스에 도착해보니 바지가 해지고 엉덩이 여기저기 긁혀 있다.

8. 매그니피센트극락조 – 야누스를 보다

매그니피센트극락조를 보러 가는 날.

플래시라이트를 밝히고 여전히 통조림을 먹는다.

일정에 대해 말하던 이웨인이 나이가 칠십인 레나타에게 숙소에 머물 것을 권고한다. 간밤에 내린 폭우로 급경사인 길이 패이고 끊긴데다 어둠 속에서 두 시간을 가야 하는데 노인이 가기에는 너무 위험하단다. 만일 골절이라도 된다면 헬리콥터를 불러야 하는데, 올 수 있을지도 모르고 온다고 해도 이착륙을 할 수 있을지도 모르며 또 그게 가능하다고 하더라도 비용을 오천 달러 정도 지불해야 한단다. 레나타가 울상을 짓더니 의외로 쉽게 승낙한다.

이웨인 말대로 길이 여기저기 끊겨 있다. 어떤 곳은 2~3미터 깊이의 절벽으로 변해 있다. 미끄러지고 넘어지면서 카메라만은 갓난아기처럼 모시고 간다. 험한 길 때문에 세 시간 만에 가림막에 도착.

조그만 구멍으로 밖을 살펴야 하니 여전히 시야가 좋지 않다. 긴장의 연속.

드디어 수컷의 시끄러운 소리가 울린다.

횃대처럼 생긴 긴 나뭇가지에 앉는다. 역

매그니피센트극락조 앞쪽

매그니피센트극락조 앞쪽   매그니피센트극락조 앞쪽

시 윌슨극락조처럼 긴 꼬리를 동그랗게 말고 있다. 정수리는 밝은 갈색, 멱은 검게 보인다. 목을 빼고 소리를 낼 때마다 가슴과 배의 깃털이 검은색, 초록색으로 변한다. 그 아래 파랑색 띠가 출렁인다. 깃털들이 우아한 왈츠를 추는 듯하다. 엷은 파랑색 부리 안쪽은 연두색 형광물질을 바른 것처럼 어둠 속에서 빛난다. 발은 짙은 파랑색이다. 몇 가지 색깔을 동시에 보고 있는지 모르겠다.

　시야에서 새가 사라지더니 등이 노란 새가 나타난다. 어떤 새의 암컷 같은 느낌이다. 옆의 사부에게 묻는다. 무슨 새?
　매그니피센트!
　이런 새는 상상도 해본 적이 없다.
　터무니없이 정면 모습과 등쪽 모습이 다르다.
　야누스?!

184

9. 문명의 세계로

이후 사흘 동안 때 아니게 비가 내려 우리는 꼼짝없이 게스트하우스에 갇혀 지 냈다.

창문이 없어 대낮에도 캄캄한 화장실에 갈 때는 헤드랜턴을 켜야 했고, 인근 마 을에서 온 아이가 산에서 길어온 물로 미안해 하며 변기를 비워야 했다. 땀에 젖은 옷은 사흘이 지나도 마르지 않았다.

마노쿠아리로 돌아오는 날, 아침 열 시에 오기로 한 차는 오후 네 시나 되어서 도착했다. 폭우로 길이 끊겨 돌고 돌아 왔단다. 짐을 싣고 날이 어둑어둑해질 무렵 겨우 게스트하우스를 출발했다. 곧 어둠 속으로 빠져 들어갔다.

밖은 칠흑 같아 아무것도 보이지 않는다. 우리에게는 그게 차라리 나았다. 아슬 아슬한 벼랑길을 보지 않아도 되었으니까. 그렇게 몇 시간이 흘렀다.

갑자기 한 줄기 하얀 빛이 우리 앞에 나타났다,

칠흑 같은 어둠 속에서.

전조등에 비친 도로의 중앙선이 하얗게 일어섰다.

그 선은 문명의 표상이었다.

아아, 드디어 문명의 세계로 돌아왔다.

새를 보는 일이 내 직업이 아닌 게 너무 고맙다.

새를 보는 것이 취미였으니 즐기며 견디어냈지, 직업이었다면 절대로 견디지 못했을 것이라는 생각이 들었다.

취미의 미덕은 무상성이다.

무상성이야 말로 우리를 고양시켜 일상의 한계를 초월하게 만들고 삶을 풍요롭게 만든다.

아이들에게 말하고 싶다.

"취미를 즐기듯 네 직업을 즐겨라!"

이집트물떼새, 아프리카에메랄드뻐꾸기, 노랑머리바위새, 세네갈앵무새, 세네갈딕크니, 숲물총새, 노란관고놀렉, 녹색숲후투티, 빌리지위버, 아프리카자카나, 헛간올빼미

"여기서 거기까지 거리가 얼마나 될까?"

팬티 차림의 어린애들이 빈 물병을 차며 놀고 있는 마을 어귀, 차에서 내리자마자 물었다. 20여 킬로그램의 짐을 메고 들고 습한 정글을 얼마나 걸어야 하는 걸까

이집트물떼새

아프리카에메랄드뻐꾸기

지레 걱정이 되었기 때문이다.

"500미터."

탐조 가이드인 쿠아미Kwame가 아주 가깝다는 듯 자신 있게 대답한다.

노랑머리바위새yellow-headed Picathartes를 보러 가는 길이었다.

이집트물떼새Egyptian plover, 아프리카에메랄드뻐꾸기African emerald cuckoo, 바늘꼬

아프리카에메랄드뻐꾸기

리와이다pin tailed whydah 등이 우리의 주요 타깃이 었지만, 노랑머리바위새 는 그중 으뜸이었다.

이 새는 머리에 깃털 이 없이 노란 피부를 드 러내놓고 습한 바위 지 역, 그러니까 바위 사이 로 물이 흐르는 지역에 서 곤충이나 지렁이 등 무척추동물을 잡아먹고 산다. 사천 사백만 년 전 부터 살아왔다고 한다.

가나에 탐조를 가고 자 마음먹은 것도 바로 이 새 때문이었다. 유튜 브에서 우연히 내셔널지오그래픽에서 촬영한 동영상을 보았을 때의 감동은 환상 그 자체였다. 바위와 바위 사이를 날지 않고 통통 뛰듯 이동하는 모습이 귀엽다고 할까 정말 가관이었다.

새를 처음 보던 때가 오십 중반이었는데 그때는 주로 새들의 비행 장면을 찍는 데 마음을 썼다. 새들이 날아가는 것, 특히 황조롱이나 물총새의 호버링 장면은 완벽하게 그들이 중력을 극복하고 있다는, 더 나아가 중력을 희롱하고 있다는 생각이 들었기 때문이다. 또 그 장면을 사진으로 찍는 일은 움직임을 정지시키는 것, 시간을 공간에 묶어두는 것이었기 때문이다. 그래서 그때는 가지에 앉아 있던 새가 날아오르기만 숨죽여 기다리곤 했다.

그건 중력과 시간을 극복하는 길이었다.

그런데 나이가 조금씩 들어가면서 새들이 나는 것보다는 통통 뛰는 장면이 더

노랑머리바위새

마음에 와 닿는다. 그러다 보니 그 흔한 참새도 뛰는 모습이 귀엽다. 논리적으로는 말이 되지 않지만 나는 것보다 뛰는 것이 더 가벼워 보인다.

왜냐하면 나는 것은 내게 불가능의 영역에 속하는 것이고 가볍게 뛰는 것은 가능의 영역에 속하는 것이기 때문이다.

역시 폴 발레리의 말은 옳다.

그래서 우리는 노랑머리바위새를 보는 여정을 앞당겨놓았던 것이다.

노랑머리바위새

따로 길이 나 있지도 않았다. 이따금 밟힌 풀잎들과 꺾인 나뭇가지들이 이곳이 인간이 살고 있는 문명세계라는 것을 넌지시 말해줄 뿐이다. 아름드리나무들 아래 우거져 있는 관목이 끊임없이 얼굴을 할퀴거나 가시덩굴이 배낭을 잡아당겨 우리의 발걸음을 붙잡았다. 경사가 그리 급한 것은 아니었지만 금세 숨은 턱밑까지 차오르고 온몸은 땀으로 범벅이 된다. 안경은 흘러내리는 땀의 습기로 뿌옇게 되어 걸음을 옮기기가 수월치 않았다. 일행 중 가장 어린 독일의 하이코도 지쳤는지 다 왔다는 대답을 기대하면서 묻는다.

"다 왔지?"

"아니, 500미터 가야 하는데."

쿠아미의 이해할 수 없는 대답.

실망한 우리의 발걸음은 그래서 더욱 무거웠다. 한참을 걷고 이젠 내가 묻는다.

"다 왔지?"

"아니, 500미터 가야 하는데."

가도 가도 왕십리라더니! 아프리카에도 왕십리가 있다니!

우리는 그렇게 쿠아미식의 500미터를 세 번 더 걸어갔다.

새가 나타나는 곳에 도착했을 때는 이미 날이 어둑어둑해졌다. 몸을 숨기고 기다리고 있을 때 마침내 노랑머리바위새가 나타나 이 바위 저 바위로 통통 뛰어다녔다. 기다리던 새가 나타났을 때의 그 황홀함, 목울대가 아프도록 숨까지 참는.

그러나 그 황홀함이 낭패감으로 바뀐 것은 순식간이었다. 이미 빛이 부족하여 감도를 ISO 20,000까지 올려보았지만 사진을 찍기에는 역부족이었기 때문이다.

우리는 일정 하나를 취소하고 다음 날 그곳에 다시 갔다.

쿠아미식의 500미터에 낭패를 당하지 않기 위해 새가 나타난다는 시간보다 두 시간이나 일찍 도착하도록 출발해 마침내 노랑머리바위새를 촬영하는 기쁨을 만끽할 수 있었다.

돌아올 때 스마트폰 어플로 재어보니 3킬로미터가 넘는 거리였다.

그게 500미터라니.

쿠아미는 다른 탐조여행사에서 몇 년 동안 일을 했기 때문에 정글 속에서도 그 위치를 정확히 찾아낼 수 있었다. 그런데 거리 개념은 우리가 생각하기에 그의 교육 정도에 전혀 미치지 못하는, 이해할 수 없는 것이었다.

사실 쿠마시라는 마을, 아이들이 빈 물병을 차면서 놀던 그곳에 늦게 도착한 것도 쿠아미의 이해 불가능한 시간 개념 때문이었다.

"여기서 그 도시까지 얼마나 걸릴까?"

"30분."

"여기서 식당까지 얼마나 걸릴까?"

"30분."

"여기서 쿠마시까지 얼마나 걸릴까?

"30분."

30분 거리에 도시는 없었고 식당도 없었으며 쿠마시 마을도 없었다.

그의 시간은 언제나 30분에 멈추어 있었다. 그의 30분은 우리 시간으로 1시간이나 2시간, 때로는 그 이상이었다. 그래서 우리는 나중에 농담 삼아 그에게 이렇게 물었다.

"30분씩 몇 번 더 가야지?"How many '30 minutes'?

내가 쿠아미의 시간 개념, 거리 개념을 이해하게 된 것은 며칠 지나서였다.

일주일 동안 우리는 사바나 초원을 돌아다녔다.

세네갈앵무새

세네갈딕크니

숲물총새

노란관고놀렉

녹색숲후투티

빌리지위버

풍경은 몇 시간씩 단조롭다. 차창으로 들어오는 박하향에, 마른 풀 냄새에 잠시 코를 내어주지만 여전히 무료하다. 때로 스머프가 살 것만 같은 집, 예전의 우리 오막살이 초가집처럼 흙벽에 풀잎을 엮어 지붕을 씌운 집들도 다정하게 보이지만 한 시간에 한 번쯤이나 보일까?

그러다 덜컹거리는 자동차 소리에 눈을 떠보면 여인들이 보인다.

여인들은 차를 피하지도 않고 걸어간다.

끓는 듯한 햇볕과 무거운 짐을 머리에 이고 걸어가는 여인들.

아무런 생각 없이 그냥 걷는 것처럼 보인다.

초원은 너무 드넓어 먹먹하고 그 길을 걸어가는 여인들을 보는 내 가슴도 먹먹하다.

프랑스의 시인 르콩트 드 릴이 이 길을 걸어가보았을까? 아니라면 어떻게 이런 시를 쓸 수 있었을까?

> 인간이여, 기쁨 또는 고통으로 가득 찬 가슴을 안고
> 정오 무렵 빛나는 들판을 걸어간다면,
> 달아나라! 자연은 텅 비어 있고 태양은 타 사라져버린다.
> 여기엔 살아 있는 것도 없고 슬픔도 기쁨도 없다.
> …
> 그리고 천천히 보잘것없는 도시로 돌아가라.
>
> 「정오」

시골에 사는 여인들은 아침마다 고구마나 과일을 이고 도시로 나와 팔고 다 팔면 집으로 돌아간다. 하루에 두 가지 일을 할 수 없는 이들에게, 지평선도 보이지

헛간올빼미

않는 길을 매일 걸어오고 걸어가는 이들에게 수백 미터 더 멀다든가 아니면 수십 분 더 걸린다는 게 뭐 그리 중요하겠는가?

가이드 쿠아미는 차가 없다. 가이드를 하지 않을 때는 카카오를 심어 생활하는 어머니를 도우러 가는데 몇 시간씩 걸어간다고 한다. 그에게 거리 개념이나 시간 개념이 필요한 것은 우리 같은 이방인을 만날 때뿐이다. 가이드를 몇 년간 하면서도 그 개념은 여전히 낯선가 보다.

마지막 날 오전에 사쿠모노 석호Sakumono lagoon에 가서 몇 종의 새를 급히 보았다. 습지라서 그런지 다행히도 짧은 시간에 많은 새를 보았다. 세네갈앵무새 Senegal parrot, 세네갈딕크니Senegal thick-knee, 숲물총새woodland kingisher, 노란관고놀렉

198

아프리카자카나

yellow-crowned gonolek, 녹색숲후투티green wood hoopoe, 헛간올빼미barn owl 등등.

    오전 탐조를 마치고 공항으로 갈 때, 쿠아미 경우를 생각하고 한 시간쯤 넉넉하게 택시를 불렀더니 낡은 마티즈가 딱 제시간에 왔다. 역시 도시에 사는 사람들은 우리와 마찬가지, 시간을 잘 지키는가 보다. 덕분에 공항에서 한 시간을 무료하게 보낼 수밖에.

    나도 가끔 지하철을 갈아탈 때 몇 번 문에서 내리는 것이 더 빨리 환승할 수 있는지를 따져볼 때가 있다. 농담으로 말하는 것처럼 면접 보러 가는 것도 아닌데 마음은 공연히 바쁘다.

가나 쿠마시 마을 풍경

6. 가나 2: 범사에 감사하라!

붉은뺨꼬르동블르, 바늘꼬리와이다, 붉은목벌잡이새, 푸른가슴물총새, 아비시니아파랑새

호텔 주차장에 차가 멈추자마자 인도인 사부가 서둘러 카메라를 들고 차에서 내린다. 사부는 눈이 매우 좋은 편이다. 여기서 눈이 좋다는 것은 새를 잘 본다는 의미다. 차창을 통해 벌써 새를 본 모양이다.

사부는 이미 사진을 찍고 있다. 뒤늦게 카메라를 들고 뛰어간다. 다행히 뺨은 붉고 몸체는 파란 새 한 마리가 연분홍 꽃이 피어 있는 나무에서 벌레를 잡고 있다. 일단 사진을 찍고 동정해보니 붉은뺨꼬르동블르red-cheeked cordon bleu다. 부리가 짧고 두꺼우니 되새류 같다. 그런데 이름이 묘하다. 이름이 묘하다는 느낌이 든 것은 프랑스 요리학교인 르 꼬르동 블르가 먼저 머리에 떠올랐기 때문일 것이다.

르 꼬르동 블르는 요리 예술 분야에서 최고의 프로그램을 제공하는 세계적인 요리학교로 우리나라에도 잘 알려져 있다. 전 세계에 20여 개의 분교가 있다고 한다. 또 꼬르동 블르는 송아지고기나 닭고기, 돼지고기로 치즈를 감싸 기름에 튀긴 요리 이름이기도 하다. 치즈 돈가스라고 할 수 있을까?

꼬르동 블르가 우리에게는 요리와 직접적인 관계를 갖는 것처럼 보이지만 사실 이 말은 원래 '푸른 휘장'이라는 의미로 부르봉 왕가 시절 기사들 중 최고위인 성령기사단이 목에 걸던 휘장을 가리키는 말로서 성령기사단 자체를 가리키기도 한다. 그런데 후에는 최고라는 의미만 살아남아 최고의 요리 또는 최고의 요리사라는 의미로 쓰이게 된 것이다.

차에서 내리자마자 예기치 않았던 새를 보았으니 많은 새를 볼 수 있을 것 같은

붉은뺨꼬르동블르

예감이 들었다. 이럴 때는 마음이 급해진다. 새를 보러 나가야 하니 서둘러 체크인을 하고 방으로 간다.

아!

방으로 들어서는 순간 발밑에서 뭔가 부서지는 소리가 난다. 불을 켜보니, 영화 〈인디아나 존스〉에서나 볼 수 있을 것 같은 갑충류들이 바닥에 우글거렸다. 온몸에 느껴지는 징그럽다는 느낌은 곧 끔찍한 공포로 변해버렸다.

사실 우글거리는 벌레들에게서 우리가 느끼는 공포는 자연스럽고 원초적인 것이다. 인간이 우글거리는 것에 대해 혐오나 공포를 느끼는 것은 그것이 곧 무질서나 혼란, 혼돈을 의미하기 때문이다. 우리는 무질서에 대항할 방법이 없다. 무질서를 일상생활에서의 말로 바꾼다면 변덕스러움이나 마찬가지다. 변덕스러운 사람은 어느 방향으로 튈지 모르니 대하기가 얼마나 어려운가? 열 지어 날아가는 기러기들을 볼 때 우리 마음이 평안해지는 것은 그것이 질서이기 때문이다. 질서란 예측 가능한 방향으로의 진행이다. 물론 살다보면 무질서에 몸을 맡기고 나락으로 떨어져보고 싶어 하는 적도 있겠지만.

하루 숙박비가 백 달러, 종업원들의 반 달치 월급에 해당하는 돈을 받는 호텔에서 이런 일이 생기다니! 조금은 어이가 없고 화도 나서 리셉션으로 달려갔다.

"방에 벌레가 가득 차 있다."

"물지 않는다."

웬 호들갑이냐는 듯 대수롭지 않게 대답하는 종업원의 말이 당황스럽고 황당하다.

"지금 처리 좀 해주면 안 될까?"

마음이 다급해진 내가 말하자 종업원은 알았다고 대답하고는 서류를 뒤적거리며 움직일 기색이 아니다. 움직이지 않고 기다리고 있는 나를 흘깃 보고는 그제서

바늘꼬리와이다

붉은목벌잡이새

푸른가슴물총새

야 빗자루와 스프레이를 들고 나선다. 방으로 돌아와 그가 빗질하는 것을 보고 나는 다시 카메라를 챙겨 들고 나섰다.

총을 든 경비원 둘을 대동하고 나선 몰 국립공원Mole national park에는 예상대로 우리의 타깃들이 여기저기서 나타났다. 긴 꼬리가 네 개 달린 바늘꼬리와이다pin-tailed whydah, 붉은목벌잡이새red-throated beeeater, 푸른가슴물총새blue-breasted kingfisher, 아비시니아파랑새abyssinian roller 등등.

타깃들을 거의 보아 뿌듯한 기분으로 호텔에 돌아와 방에 들어섰을 때 또 한 번 나는 아연실색했다. 방바닥에 여전히 갑충류가 우글거리고 있었기 때문이다.

다시 리셉션.

"벌레들이 아직도 많은데?"

"내가 아까 쓸어버렸는데 또 들어온 거다."

아비시니아파랑새

"어떻게 해야 하지?"

"방법이 없다. 쓸어도 또 들어온다."

돌아와 방을 자세히 살펴보니 창문이나 출입문, 천장에 구멍과 틈 천지다. 우리가 할 수 있는 방법이란, 물지는 않는다니 침대 시트로 온몸을 감고 얼굴까지 덮고 자는 수밖에.

벌레들이 살갗 위를 기어 다니는 악몽으로 잠을 설친 다음 날 식당에 가니 독일인 마틴이 사진을 보여 준다. 두꺼비다.

"어디서 찍었니?"

"아침에 일어나 시트를 젖히니 가슴 위에서 날 쳐다보고 있던데?"

"만지지는 않았지?"

"응."

나 같으면 사진 찍을 엄두도 내지 못했을 것이다. 마틴은 두꺼비가 독이 있다는 것을 모르는 모양이다. 개구리를 좋아하는 백로들도 두꺼비는 먹지 않는다. 독이 있다는 것을 알고 있기 때문이다.

이틀 밤을 더 자야 하는데 어떻게 할 것인가?

마틴의 두꺼비 사진을 보면서 인도인 사부가 말한다.

"그나마 이 호텔이라도 없었다면 우리가 어떻게 새를 볼 수 있을까? 이것도 고마운 일이지."

역시 사부다운 말이다. 그는 기독교인이면서도 우리가 흔히 생각하는 인도인처럼 매사에 느긋하다.

그렇게 해서 우리는 갑충류가 우글거리는 방을 우리 편으로 만들어 이틀을 더 지냈다.

사실 사부의 말을 곰곰이 따져보면 그만한 합리화도 없다.

불완전한 세상에서 살아야 하는 불완전한 인간에게 신이 내린 가장 큰 선물은 합리화다. 피할 수 없는 죽음의 고통을 해결하는 방법은 종교나 철학을 통해서 내세가 있다고 믿는 것이다. 지금 여기서 내가 비록 고통스러워도 다른 세상에선 고통이 없으리라, 평안하고 즐겁게 살 수 있으리라. 합리화란 고통을 이기게 하는 신비로운 약이다.

그래서 감사할 일이 너무나 많다.

7. 파푸아뉴기니: 우리는 완톡wantok

리본꼬리아스트라피아, 갈색시클빌, 회색꿀먹이새, 브레헴호랑이무늬앵무새, 크레스티드베리페커,
벨포드멜리덱트, 크레스티드새틴버드, 불꽃정자새, 라기아나극락조

극락조 중 하나인 리본꼬리아스트라피아ribbon-tailed astrapia가 긴 꼬리
를 휘날리며 처음 우리 앞에 나타났을 때 우리는 아무 말도 없이, 망연자실한 모습
으로 그저 셔터만 눌렀다. 정수리와 멱은 금속성의 푸른빛을 띠다가 고개를 돌리

리본꼬리아스트라피아

리본꼬리아스트라피아 암컷

면 그 푸른빛은 초록색으로 변해버렸고, 가슴은 검은빛을 띠다가 한 줄기 구릿빛 띠를 드러내곤 했다. 순간순간 다른 새로 변신하는 것이었다.

또 다른 극락조인 갈색시클빌brown sicklebill이 먹이대로 내려와 부리를 벌려 형광

갈색시클빌

으로 빛나는 노란 부리 안쪽을 보여주자 옆에 있는 친구의 침 넘어가는 소리까지 들릴 지경이었다.

어떻게 이토록 아름다운 색깔이 존재할 수 있을까? 누군가가 일부러 창조하지 않았다면 어떻게 존재할 수 있을까? 진화론으로 어떻게 저 아름다움을 설명할 수 있을까?

눈 주위의 피부 색깔이 노란 새, 반쯤 노랗고 반쯤 빨간 새, 완전히 빨간 새를 다 다른 종이라 생각했는데 그것이 모두 회색꿀먹이새 common smoky honeyeater라는 설명을 듣고 우리는 아연실색했다. 이 새가 흥분하면 불과 일이 분 사이에 피부색을 바꾼다는 것이다.

오길 정말 잘했다. 이미지와 실체의 간극이 이렇게 큰 경우도 있구나 하는 생각이 들었다.

회색꿀먹이새

브레헴호랑이무늬앵무새 암컷

브레헴호랑이무늬앵무새 수컷

크레스티드베리페커

벨포드멜리덱트

호텔 주위를 천천히 걸어 다니니 새들은 끊임없이 번갈아 나타났다. 브레헴호랑이무늬앵무새Brehem's tigerparrot 암컷, 크레스티드베리페커crested berrypecker, 벨포드멜리덱트Belford's melidectes, 크레스티드새틴버드crested satinbird 등등.

해가 기울어가며 새들의 움직임이 잦아들자 저녁 식사를 시작한다.

사진부터 찍느라 리셉션에 맡겨두었던 짐을 찾아 방으로 가니 형광등 불빛이 오락가락한다. 전기 담요에 불을 넣고 화장실에 가니 물이 졸졸 흐른다. 컵에 물을 받아 고양이 세수를 하고 발가락도 씻고 나와 이불 속에 손을 넣어보니 냉골이다. 여긴 해발 2,800미터니까 밤새 떨면서 이대로 잘 수는 없다. 리셉션에 가서 방을 바꾸어달라고 하니 방이 없단다. 형광등은 바꾸어주겠단다.

부지하세월.

이번 여행을 주관했던 인도인 사부도 여긴 파푸아뉴기니니까 오늘은 견뎌보고 내일 다시 이야기해보겠단다.

얼룩덜룩한 이불을 덮은 채 떨고 있는데 누군가 문을 두드린다. 덩치가 꽤 큰 여자 하나가 서 있다.

"내가 킴이다. 방을 옮기자."

"아하, 당신이 킴이냐? 방이 없다던데?"

그녀는 데리고 온 젊은이에게 내 가방을 옮기라고 말하고 앞장선다. 30~40미터쯤 걸었을까 어느 방갈로 앞에 선다. 방에 들어서니 이전의 방과는 천지 차이다. 불은 밝았고, 물은 콸콸 흐르고, 고급스러워 보이는 하얀 이불 속은 이미 따뜻하다.

방을 나서는 그녀에게 얼마나 더 내야 하는지 물었더니 아니라며 내게 담배를 건넨다.

"이 방은 비싸 보이는데?"

"당신은 낼 필요 없다."

"왜?"

"당신은 완톡이니까!"

완톡wantok!

두 달 전의 일이다.

파푸아뉴기니 대사관의 직원으로부터 전화가 왔다.

"비자가 나왔는데요. 언제 찾으러 오실 건가요?"

"벌써요? 이삼 일 내로 가겠습니다."

"혹시 시간이 맞으면 대사님께서 뵙고 싶어 하시는데요."

특이한 일이었다. 여행자가 비자를 신청했는데 한 나라의 대사가 만나자고 하다니!

새 보는 사람들이 마지막으로 가고 싶어 하는 곳이 파푸아뉴기니라는 말이 있듯 그곳은 극락조의 천국이다. 지구상에 43종의 극락조가 서식하는데 그중 38종의 극락조를 볼 수 있기 때문이다. 이리안자야에서는 겨우 5종을 보았기 때문에 기회가 되면 꼭 파푸아뉴기니에 가보고 싶었다. 그러나 파푸아뉴기니에 대한 막연한 공포 때문에 나는 선뜻 그 여행을 추진할 수가 없었다.

머리 위에서 떨어지는 거머리, 말라리아나 황열병, 또는 사람을 공격하는 맹수들은 열대지방을 여행할 때 기본적으로 감수해야 하는 것이니 그런대로 감수할 수 있다.

이곳에서 가장 두려운 것은 인간이었다. 1950년대까지 식인 풍습이 남아 있었다고 한다. 1961년 뉴욕 주지사 넬슨 록펠러의 아들, 마이클 록펠러가 실종되었는데 시체를 찾지 못한 것은 바로 식인 풍습 때문이었을 거라는 소문이 있었다. 치안이 아주 나빠 살인, 강간이 대낮에도 빈번히 발생한다고 한다. 몇 년 전 지방의 공항이 강도들에게 습격을 받아 영국인 관광객 삼십 명이 폭행당하고 가진 것을 모두 강탈당했다는 기사를 나도 신문에서 본 적이 있었다. 웹사이트에서 파푸아뉴기니 여행에 관한 우리나라 사람들의 글을 찾아보아도 한결같이 위험하다는 글뿐이었다. 실제로 이곳은 외교부에서 여행자제지역으로, 때로는 철수권고지역으로 분류한 지역이다.

그렇게 몇 년을 망설이고 있던 차에 사부가 연락을 해왔다. 파푸아뉴기니에 한 번 다녀왔는데 생각보다는 그리 위험하지 않았으니 몇 명이 팀을 이루어 가보는 게 어떻겠느냐고. 라기아나극락조를 쉽게 볼 수 있다는 사부의 말에 용기를 내어 탐조여행을 결심했다.

'파푸아'는 말레이어로 곱슬머리를 가리키고, '뉴기니'는 스페인의 탐험가 이니고 오르티스 데 레테스Yñigo Ortiz de Retez가 1545년 이 섬에 왔을 때 이곳의 주민들이 아프리카 기니만 연안의 주민들과 비슷하게 생겼다고 생각해서 '누에바 기네아Nueva Guinea'라고 붙여서 생긴 이름이라고 한다. 실제로 이곳 사람들은 다른 동남아시아 사람들과는 전혀 다르게 생겼다. 덩치가 크고 머리는 곱슬머리에 피부색은 아주 까맣다.

파푸아뉴기니의 주민은 850만 정도인데 험한 지형 때문에 관습 공동체customary communities를 이루어 살며 그만큼 언어도 다양하다. 관습 토지는 부족 공동체의 소유이며 그들의 관습에 알맞게 관리된다. 통계가 각각 달라 정확하지 않지만 500여 부족이 850여 종의 언어를 사용한다고 한다. 이 언어의 수는 지구상 언어의 삼 분의 일에 해당한다. 부족마다 언어가 다르다보니 원만한 소통을 위해 이들은 공용어로 영어와 피진어tok pisin를 쓴다. 피진어는 서로 다른 언어를 사용하는 사람들이 협동해서 일해야 할 때 만들어지고 발전되어온 단순하고 초보적인 기초 언어로, 파푸아뉴기니에선 영어를 기반으로 한다.

완톡wantok이란 one talk의 발음을 그대로 옮긴 것이다.

그것은 어떤 개인이 속한 부족의 사람들이 사용하는 언어이기도 하지만 더 나아가 한 부족의 동지 의식을 기반으로 한 전통적인 복지체계를 가리키기도 한다. 즉, 동일한 언어를 사용하는 부족 사회에서는 모든 일이 부족 구성원 전체의 복지를 중심으로 전개된다. 그래서 면대면 혈족관계, 결혼, 상호적인 교환 등이 부족의 유대관계를 더욱 공고히 한다. 파푸아뉴기니에서 진화한 이 완톡 시스템은 아무도 굶지 않고 누구라도 살 곳을 갖게 하려는 전통적인 안전 시스템인 것이다.

그런데 이 체계는 닫혀 있는 게 아니라 상당히 열려 있다. 즉, 외국인이라도 자신들에게 잘해주고 친해지면 그를 부족, 완톡으로 받아들이는 것이다. 그는 형제 친척으로서 보호를 받게 되고, 부족의 잔치에 초청을 받으며, 심지어 그 부족의 일원과 결혼도 할 수 있다.

며칠 후 비자를 찾으러 갔더니 대사가 반갑게 맞아준다.

그가 왜 나를 만나자고 했는지 설명한다.

자신은 엥가Enga족이고, 내가 묵을 마운트하겐에 있는 쿠물 롯지는 자신의 부족 영토이며, 그 롯지의 주인인 킴Kim은 자기 조카란다. 한국인으로서 자신의 부족을 방문해주는 내게 감사하다고 한다. 그러면서 라기아나극락조가 그려진 커피 한 봉지를 선물로 준다. 내가 그곳에 머무는 동안 자신도 휴가란다.

내가 포트모르즈비에 도착한 날 저녁, 대사는 사위와 친구를 데리고 호텔로 나를 찾아왔다. 우리는 라기아나극락조가 그려진 맥주를 마시며 저녁 식사를 즐겼고, 다음 여행 때에는 그의 고향집에 오라는 초대도 받았다.

크레스티드새틴버드

롯지의 주인 킴이 나를 완톡이라고 한 배경에는 이런 일이 있었던 것이다. 롯지
에서 3박 4일 머무는 동안 킴을 비롯해 모든 종사자들이 정말로 나를 자신의 가족

처럼 대해주었다. 대학 입학을 준비하고 있던 요리사 스탄은 내가 새를 보러 나갈 때마다 곁에 항상 붙어 다니며 내 눈이 되어주었다. 다른 탐조 친구들에게 미안할 지경이었다. 크레스티드새틴버드는 그가 가시덩굴에 긁히면서 찾아준 새다.

이후 일주일 동안 나는 키웅가Kiunga 지역과 바리라타 국립공원Varirata national park 에서 탐조를 하였는데 그때의 가이드 사무엘과 레오도 나를 극진히 대해주었다. 이들은 엥가족이 아니라 엥가족과 완톡으로 지내는 부족의 사람들이었다. 친구의 친구니까 나를 완톡으로 대해준 것이다.

파푸아뉴기니에서 주요 타깃인 정자새를 보러 가는 길은 생각보다 험했다. 배에서 내리는 순간 널빤지에서 미끄러지면서 진흙에 빠져 한 발자국도 움직일 수가 없었다. 군산의 유부도에 넓적부리도요를 보러 갔다가 갯벌에 빠져 허리에 담이 왔을 때의 고통스러운 기억이 되살아났다. 그러자 사무엘이 장화를 벗고 맨발로 내게 와서 등을 내민다. 나를 업더니 장화는 그냥 두란다. 그렇게 해서 나는 별다른 어려움 없이 그곳을 벗어났다. 고맙다고 했더니 그가 하는 말.
우리는 완톡!

완톡 덕분에 나는 어렵지 않게 불꽃정자새가 구혼 디스플레이하는 것을 보았다.
정자새과 새들은 나뭇가지를 땅바닥에 세워 정자 형태의 집을 짓고 그 앞에 색색의 물건, 곧 열매나 과일, 심지어는 병뚜껑, 라이터까지 자기가 좋아하는 일정한 색의 물건들을 가져다놓고 암컷을 유혹한다.
이리안자야에서 보았던 보겔콥정자새Vogelkop bowerbird의 집은 사람이 들어갈 수 있을 만큼 큰데, 어떻게 작은 새가 그렇게 큰 집을 지었는지 믿을 수 없었다.

보겔콥정자새의 집

　　그런데 불꽃정자새의 집은 높이가 40센티미터, 폭은 30센티미터 정도로 작았
다. 가림막 뒤에서 모기와 거머리와 싸우는데 거짓말처럼 모세의 떨기나무에 불이
붙듯 마른 가지들 사이로 불꽃이 보인다. 정자를 부리로 다듬더니 이윽고 춤을 춘
다. 기지개 켜듯 날개를 서서히 펴고 머리를 좌우로 돌린다. 그렇게 삼사 분가량
디스플레이를 하다가 암컷이 오질 않으니 훌쩍 날아가버린다.

　　수컷들의 지난함이여!

불꽃정자새

세 번째 탐조 지역은 포트모르즈비에서 멀지 않은 바리라타 국립공원이었다.

이곳에서 볼 새는 파푸아뉴기니 여행의 제1 타깃인 라기아나극락조raggiana bird of paradise다. 이 새는 파푸아뉴기니의 표상이고, 국기에도 그려져 있다.

라기아나극락조도 다른 대형 극락조처럼 높은 나무 꼭대기에서 구혼 의식을 펼친다. 새를 볼 가능성이 있는 두 곳이 있단다. 그런데 두 곳이라는 것이 두 구멍임을 나중에 알았다. 팀을 둘로 나눈다. 키가 40~50미터쯤 되는 나무들 무성한 잎 사이로 빈 구멍이 있고 거기에 나무 줄기가 보인다. 춤을 춘다면 그 나무의 가지에서 춘단다. 세 명이 앵글 맞추기가 쉽지 않을 정도로 구멍은 작다.

이제나저제나 기다리는데 암컷을 부르는 수컷들의 시끄러운 소리가 들린다.

갑자기 옆 팀 쪽에서 요란스럽게 셔터 소리가 들린다.

조금 과장하면 극락조 소리보다 더 시끄럽다.

그러다 새소리가 뚝 끊긴다.

모두 어안이 벙벙해져서 가이드인 레오를 바라본다.

오후에나 다시 의식을 한단다.

결국 오후에 다시 그곳에 가서 자리를 바꾼다.

레오가 각이 좋은 자리라며 한 컷에서 기다리라고 한다.

역시 요란한 수컷의 소리. 손바닥만한 구멍으로 구혼 디스플레이가 보인다.

라기아나극락조

수컷은 진한 초록의 잎새가 달린 가지들을 꺾어 나무에 걸어놓는다.
암컷에게 주는 선물인가 보다, 윌슨극락조처럼.

라기아나극락조

라기아나극락조

수컷들이 구혼 의식을 치르면 암컷이 그중 하나를 선택한다.

산을 내려오는데 레오가 말한다.

내년에 다시 와라. 당신은 완톡이니 고향에 가서 푸른극락조blue bird of paradise를
제대로 찍게 해줄게.

마운트하겐에서 푸른극락조를 너무 아쉽게 찍었다고 한 말을 여전히 기억하는
가 보다.

라기아나극락조 짝짓기

파푸아뉴기니에는 오늘도 여전히 부족 간의 갈등이 심하다.
나를 완톡으로 받아주었던 것처럼 그들 사이도 모두 완톡이 되길 희망한다.

충청도와 전라도, 경상도도 완톡이 되길 바란다.
남과 북도 완톡이 되길 기원한다.

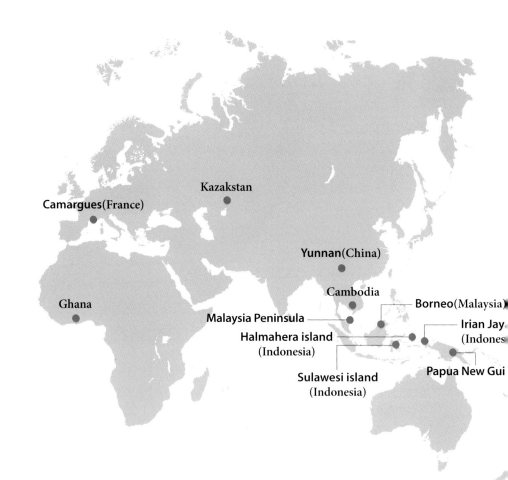

Camargues(France)

Kazakstan

Yunnan(China)

Ghana

Cambodia

Malaysia Peninsula

Borneo(Malaysia)

Irian Jay
(Indones

Halmahera island
(Indonesia)

Papua New Gui

Sulawesi island
(Indonesia)

Costa Rica

지도, 편달, 동행해주신 친구들, 김대환, 임광완, 조성식 선생님께
감사드립니다.

Compliments:
I owe my happiness to

Henry CHIN SinHing, Jason LIM, Robert SUBAN, YC LEE,
ONG BeeSeng(Borneo)
Kwame BROWN(Ghana)
Iwain(Irian Jaya)
KIM Kttours(Papua New Guinea)
and
Sabu KINATTUCARA

238

참고문헌

- 보들레르 샤를르. 『화장예찬』. 도윤정 옮김. 평사리. 2014.

- 이우신·구태회·박진영. 『(야외원색도감)한국의 새』. LG상록재단. 2000.

- Allen, Jeyarajasingam. *Birds of Penninsula Malaysia and Singapore.* Oxford University Press. 1999.

- Bachelard, Gaston. *Le Poétique de la Rêverie.* P.U.F. 1968.

- Borrow, Nick. *Birds of Ghana.* Helm. 2010.

- Brewer, David. *Birds New to Science: Fity Years of Avian Discoveries.* Helm. 2018.

- Coates, Brian J. *Birds of Wallacea.* Dove Publications. 1997.

- Craig, Robson. *Birds of Southeast Asia.* Princeton University Press. 2005.

- John, Mackinnon, *Birds of China*, Oxford University Press. 1999.

- Le Sare, Guilhem. *Les Oiseaux en 450 questions/réponses.* Delachaux et Niestlé. 2008.

- Pratt, Thane K. *Birds of New Guinea.* Princeton University Press. 2015.

- Quentin, Phillips. *Birds of Borneo.* Princeton University Press. 2009.

- Raffael, Aye. *Birds of Central Asia.* Princeton University Press. 2012.

- Richard, Carrigues and Robert, Dean. *Birds of Costa Rica.* A Zona Tropical Publication. 2007.

- Rob, Hume. *Les Oiseaux de France et d'Europe.* Larousse. 2007.